自然環境復元研究 第2巻 第1号
目 次

巻頭言
杉山 惠一:自然環境復元「学」の輪郭 ……………1

原著論文
関川 文俊・杉山 惠一:河川における水生植物の水質浄化機能の検証 ……………3

木内 勝司・佐々木 幹夫:ヤナギ河畔林の保全・再生に考慮した河川整備計画検討手法に関する研究 ……………7

辻 盛生・斉藤 友彦・平塚 明・軍司 俊道:アゼスゲ(Carex thunbergii Steud.)の植生護岸の特徴と維持管理－身近な水辺環境の修復・創出に向けて－ ………17

小出水 規行・竹村 武士・奥村 修二・山本 勝利・蛯原 周:谷津田における農業排水路の形態・物理特性と魚類生息分布との関連性－千葉県下田川流域を事例として－ …27

総説
谷口 文章:生態的環境と生命主体に関する考察－環境教育の目的と環境復元の目標のために－ ……………35

吉岡 俊哉:移入植物の侵略性とその管理に関する研究の動向 ……………49

甲斐 徹郎:都市再生のための処方箋 ……………59

吉川 宏一・大野 博之:中小規模開発におけるオムニスケープジオロジー－その概念と手法－ ……………65

短報
福島 紀雄:信州の森林が育む水源からのメッセージ－日本の屋根の果たす役割－ …75

岡村 俊邦・杉山 裕・吉井厚志:生態学的混播・混植法の開発と評価 ……………83

海外事例研究
鈴木 邦雄:ベトナム・カンザ地区のマングローブ再生 ……………89

中沢 章:杭州市の生態開発－西湖の拡張及び浙西大渓谷の事例－ ……………95

事例研究
木呂子 豊彦:関テクノハイランドにおける順応的管理の実践 ……………103

栗山 和道・中西 茂樹:自然環境移設による樹林復元 生態系保全移植『エコ・ユニット工法』の試み ……………113

自然環境再生医制度について ……………117
イベント報告 ……………120

巻頭言 PREFACE

自然環境復元「学」の輪郭

杉山　惠一[1]
富士常葉大学

Keiichi SUGIYAMA: The Outline of Study on Nature Restoration and Conservation

　本学会は、2000年 NPO 自然環境復元協会が、その前身である自然環境復元研究会を改組して誕生した際、研究会の純学術的分野を、協会から独立したかたちで継承したものである。したがって、学問の内容としては、従来研究会で扱われてきたものを引き継ぐとともに、学会の設立に際して、以前から懸案となっていた新たな分野を、明確な形で加え新たな出発を図ることとした。

　自然環境復元研究会は1989年、11人の学者、専門家によって企画されたものであるが、1990年全国組織として設立された。その目的として、自然環境復元の理念、理論、技術、手法の確立と啓発が掲げられ、それをもっていわゆる地球環境の危機解決の鍵となすということが合意された。地球環境の危機はおおまかに三つの要因、つまり、資源の枯渇、汚染の増大、生物多様性の減少とからなる。自然環境復元研究会が実際に取り組んできたことは、主としてその第三の要素、つまり、生物多様性の減少を食い止めるための手段の研究、開発であった。具体的には、原生的自然を除く二次的自然の保全、復元、維持管理の理念、理論、手法の確立であり、その成果はビオトープづくり、河川の近自然工法、里山管理、屋上緑化などの全国的普及、行政の姿勢、法律制度にも影響を及ぼしたことなどを挙げることができる。

　しかし、このような経過のなかで次第に気づかれてきたことは、生物多様性の維持を追及するためには、地球環境の危機の他の二つの要因、資源の枯渇と汚染の増大、つまり物質循環とのかかわりが不可欠であることと、環境問題に関する啓発、つまり環境教育の重要性であった。現在、協会ではこの3分野を柱とした活動を行なっている。自然環境復元学会も同様に、従来の研究会の内容を引き継ぐとともに、物質循環および、環境教育にかかわる分野を新たに加えることとした。つまり、自然環境復元に物質循環、環境教育を加えた三分野である。

　この三分野を包含する「学」が、現在考えられるところの自然環境復元学である。そして自然環境復元学会は、それぞれの分野に関する専門研究の発表及び議論の場であると同時に、それらを相互に関連付けることによって、総合的な新たな学を育成する場となることを目指すものでなければならない。本学会誌創刊号においては、このような分野の確認がなされていなかったため、ここに改めて記す次第である。今後、自然復元分野の論文に加えて、物質循環、環境教育部門の論文の投稿を期待している。

---

[1] 自然環境復元協会理事長・自然環境復元学会会長

原著論文　ARTICLE

河川における水生植物の水質浄化機能の検証

関川　文俊
富士常葉大学付属環境防災研究所
杉山　恵一
富士常葉大学

Fumitoshi SEKIGAWA and Keiichi SUGIYAMA: A Study on the Effect of Water Purification by Water Plants

摘要：河川の水質浄化に水生植物の果たす役割について、静岡県下の一河川において調査を行なった。水生植物の大半はマコモによって占められていた。調査の結果、窒素および燐成分の除去に有効であることが検証された。

Abstract: Effect of water purification by water plants was investigated at a river in Shizuoka Prefecture, Japan. Among the plants, *Zizania latifornia* Turcz was dominant in biomass. Significant effect of exclusion of nitrogenus and phosphorus ingredients was confirmed.

キーワード：　水質浄化、水生植物、マコモ、燐成分、窒素成分
Keywords: water purification, water plants, nitorogenus, phosphrus ingradients

Ⅰ．はじめに

　近年、きれいな河川や湖沼を取り戻そうという動きが高まり、水質浄化に関する様々な研究が行われた(桜井,1988;細見,1991)。中でも琵琶湖や霞ヶ浦などの湖沼で行われたヨシやガマ、マコモといった抽水植物による水質浄化は注目に値する(桜井,1985;渡辺,1985)。この方法の利点としては、①従来の微生物処理に比べ、処理方法が簡単であること、②水辺に潤いや美観を与え、生態系の創造も期待できること、③水処理に要するエネルギー消費量が少ないこと、④使用した植物を資源として有効利用ができることなどがあげられる。

　しかし、河川においては抽水植物による水質浄化に関する報告はあまり多くない。というのも、多くの河川はコンクリート三面張りにより水生植物が生育できないか、群落を形成していても洲の上に生育しているため浄化能力を測定できないからである。

　一方、静岡県では茶園への過剰施肥による窒素分の水質汚染が深刻な問題となっている。肥料の三要素の一つといわれる窒素は茶葉のもととなり、窒素分が多いと良質茶が生産できるため、生産者は窒素肥料を多く使用する傾向がある。過剰施肥によって茶樹に吸収されない窒素成分の硝酸態は土に吸着されずに水と一緒に流れ出やすく、地下水やため池などの水を強酸性に変化させる原因をつくると考えられている。今日、自然環境の保全、水産業、健康の点からも河川の水質浄化は重要な課題と考えられる。

　本研究では、このような問題に対処するため、水生植物の豊富な河川で水質を分析し、その流域における水生植物の浄化能力、特に窒素成分と燐成分の除去能力について検討した。

Ⅱ．調査の概要

1.調査目的

　河川における水生植物の水質浄化機能を調べるため、水生植物の豊富な河川で水質を分析し、水質浄化能力を検討した。さらに、調査区間の底生動物相を調べ、水質との関係についても検討した。

　今回調査を行った河川は、河道のほとんどが水生植物におおわれ、その生物量の大部分がマコモであるという普通の河川ではあまり見られない情況であった。調査の2年目

には、河道の中央部分のマコモを取り除き、普通の河川で見られるような洲の存在する環境をつくり、水生植物の水質浄化能力を比較・検討した。

2.調査場所

静岡県袋井市にある小笠沢川で調査を行った。小笠沢川は原野谷川の支流で、小笠山に源を発し、上流部は茶畑の中を流れる全長約 7.2 kmの河川である。小笠沢川の下流には、約 2 kmに亘って、水生植物の豊富な区域がある。この区間を本研究の調査区間とした。さらに、詳細な調査はこの区間内で水の流入や流出のない600mの区間を使って行った。この区間は川幅が 14.5-15.1m(Ave.14.8m)で、河道は水生植物におおわれ、そのうち 80%がマコモである(図1)。河床は粘土質で、600m区間では瀬や淵は見られず、平時で水深 14-46 cm、流速は平均 14.5 cm/s。右岸は住宅地、左岸はゴルフ場に隣接する林となっている。

図1.小笠沢川の植生.

3. 調査方法

調査初年度(1997年)の9月に2 km 区間、10月に600m区間の水質を測定した。600m区間は 200mずつ区切り、上流からA,B,C,Dの4地点とし、それぞれ水質の測定とコドラートを用いた底生動物の調査を行った。

水質調査は水素イオン濃度(pH)、生物化学的酸素要求量(BOD)、溶存酸素量(DO)、浮遊物質量(SS)、電気伝導率(EC)、全窒素(T-N)、全燐(T-P)の7項目について測定を行った。底生動物相は調査地点に50 cm×50 cm 枠のコドラートを設置し、肉眼で認められる底生動物を全て採取した。標本をその場で99.5%エタノールにて固定して研究室に持ち帰り分類した。個体数を調べ、種ごとに濾紙で包んで一晩以上風乾し、これらの乾燥重量から底生動物の現存量(mg/0.25 m²)を算出した。

次年度(1998年)、河道の中央部を重機で押しつぶして轍を残し、洲のある環境をつくり出した後(図2)、600m区間の上流部と下流部で窒素成分と燐成分について水質を測定した。また、10月にAとCの地点で底生動物相を調査した。植物相に関しては 600m区間を歩いて種の確認を行い、マコモについては区間内で任意に10本選んで草丈を毎月測定した。

図2.河道に洲のある環境を創出.

Ⅲ. 結果と考察

1. 生物相

調査区域内では12科20種の植物が確認できた。ここでは、マコモが最も優占的で(被度80%)、その生長は4月から6月にかけて著しく、9月末から10月にかけて頂点に達する(図3)。この時、600m区間の生育密度は1m²あたり123本であった。

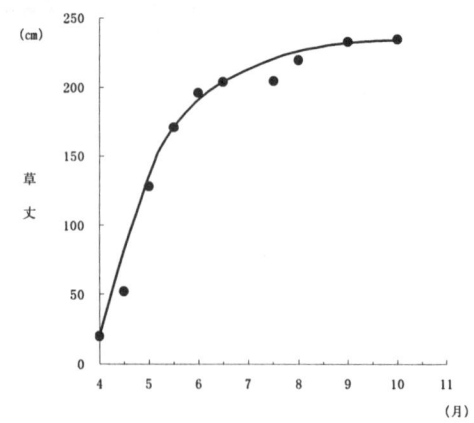

図3.小笠沢川のマコモの生長曲線.

また、底生動物は20科38種が確認できた。ここでは、富栄養な環境に生息するミズムシが数多く採集された。そこで、Beck-Tsuda β法(谷,1995)を用いて水質判定を行った。この方法は生息する生物を、汚濁に耐えない種(A)と汚濁に耐えうる種(B)の2群に分け、2A+Bをもって汚濁の生物指数としている。この方法で水質判定を行ったところ、値24が得られ(ユスリカ類は除く)、指数が15-29の少し汚れた水(β中腐水性)に属することが分かった。

2. 河川の水質浄化能力

9月に2km区間において上流部と下流部で水質を測定したところ、全窒素の濃度は上流で12 mg/l、下流で10 mg/lであった。窒素の除去量は2 mg/l、除去率は16.7%と算出され、同様に、全燐の除去量と除去率は0.054 mg/l、58.7%と算出される。

さらに詳細なデータを得るため、10月に水の流入や流出のない600mの区間を200mずつ区切り、水質測定を行った。200m毎の全窒素の除去率は10.5-17.4%、全燐の除去率は7.0-52.2%と算出され、600m区間全体では全窒素の除去量と除去率は、各々2.4 mg/l、34.8%、全燐の除去量と除去率は、各々0.12 mg/l、75.0%となった(図4,5)。流速より600m区間ではおよそ133 kg/日の窒素、6.7 kg/日の燐を浄化したことになり、この河川は高い水質浄化能力を持つことが分かる。

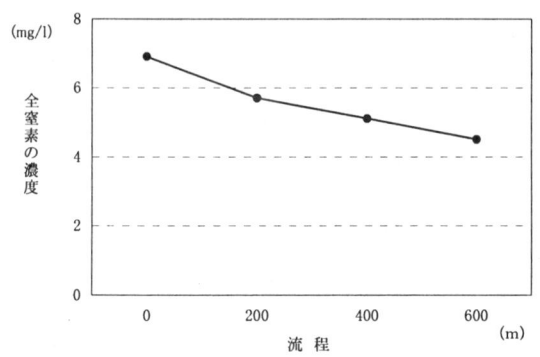

図4. 600m区間における全窒素濃度の変化.

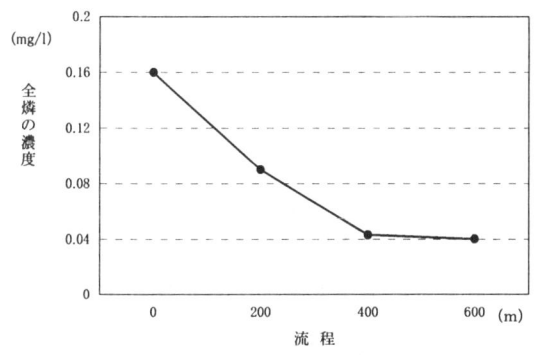

図5. 600m区間における全燐濃度の変化.

しかし、この結果が生物的要因(植物や動物による除去)によるものなのか、それとも物理的要因(植物や土壌、河床による沈殿または濾過)によるものなのかは判断できない。

そこで、12月の中旬にマコモの地上部が枯死した時期に600m区間の流入部と流出部で水質測定を行い、秋期(10月)の調査結果と比較・検討した。

この区間では、秋期に34.8%の窒素と75.0%の燐が除去されたが、冬期にそれらはほとんど除去されなかった(図6,7)。これは水質の浄化が物理的要因というよりも生物的要因によることを暗示している。特に、ここではマコモが水質浄化に大きくかかわっていると思われる。したがって、生長のピークをむかえる10月頃に、マコモを刈り取るならば、かなりの量の窒素成分や燐成分を河川から除去できるはずである。

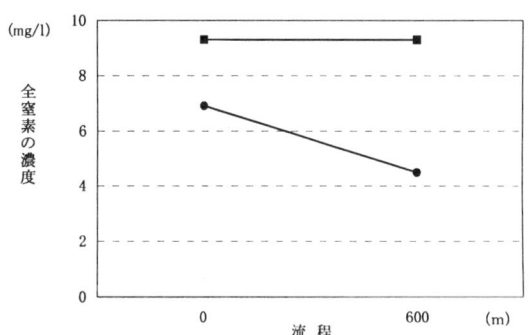

図6. 全窒素の濃度変化の比較(●,10月;■,12月).

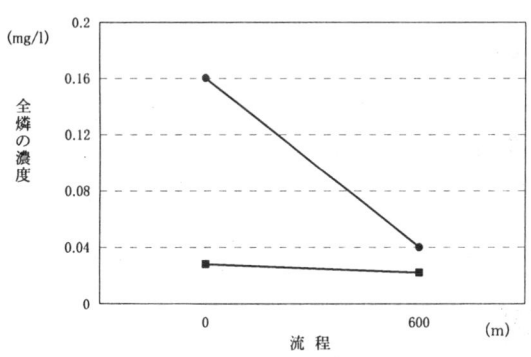

図7. 全燐の濃度変化の比較(●,10月;■,12月).

3. 植物帯及び河床構造の改変による水質浄化能力

調査2年目の5月、河道中央部のマコモを取り除いて洲をつくり、水質を測定したところ、600m区間の流入部と流出部において全窒素の濃度は11 mg/lで変化がなく、全燐の濃度は下流で0.003 mg/l増加していた。7月の水質調査においても全窒素の濃度は変化がなく、全燐の濃度は下流で0.009 mg/l増加していた。さらに10月の調査では、全燐は0.003 mg/l除去されたが、全窒素に変化は見られなかった。このことから一年を通して水質の浄化能力、特に、窒素と燐の除去能力が前年よりも低下したことが分かる。これは河床構造の改変やマコモの除去によって滞留時間が短くなり、洲の上に生育するマコモからでは窒素や燐の除去能力に限界があることを示唆している。従って、水生植物が洲の上に生育していたり、植物帯の面積や被度が小さい河川では、抽水植物による水質浄化、特に窒素や燐の除去は期待できない。

4. 底生動物相から見た水質浄化能力の検討

底生動物の分布の違いを知るため、初年度に600m区間を200mずつ区切ったA、B、C、Dの4地点で底生動物の調査を行ったところ、最下流のD地点が最も種類数が豊富で、水のきれいな所に生息するブユ類が採集された。しかし、現存量や個体密度では各々の地点で大きな差は見られなかった。そこで4地点における各々の底生動物をJaccardの共通係数(CC)(木元,1976)を使って比較した。Jaccardの共通係数は

$$CC = c/(a+b-c)$$

で求められる。2地点間の距離が離れるほど共通係数の値は小さく、類似度は低くなった(表1)。これは底生動物の分布に差があることを示すものである。

A地点	—			
B地点	0.5	—		
C地点	0.46	0.55	—	
D地点	0.39	0.53	0.33	—
	A地点	B地点	C地点	D地点

表1.底生動物相の類似マトリックス

さらに、森下の多様度指数(β)(木元,1976)を用いて比較した。森下の多様度指数は

$$\beta = N(N-1)/\Sigma n_i(n_i-1)$$

で求められる。A地点で$\beta = 4.378$、D地点で$\beta = 7.482$となり、下流では多様性が増した。
これらの結果は下流部の方が水質がきれいになっていることを示唆している。

また、河床構造の改変前と改変後の秋期(10月)において、600m区間の底生動物相を比較したところ、種類数にほとんど差は見られなかったが、現存量と個体密度は改変後で低い値を示し、河川全体で底生動物が減少したといえる。さらに、Beck-Tsuda β 法によると、水質は改変前の方がわずかに良好であった。Jaccardの共通係数を使って比較すると、上流部で0.29、下流部で0.33と小さい値となり、改変前と改変後で生物相の変化がうかがえる。これは改変後の下流部で底生動物の種類数が減少し、動物相が単純化したためと考えられる。従って、改変前は水質が浄化されていたが、一般河川のように改変し、洲の存在する環境をつくったため、水質の浄化は行われなくなったことが底生動物相からも支持された。

5.他事例との比較

長野県の諏訪湖では水質の悪化が深刻な問題となっており、様々な水質浄化の試みがされてきた。1994-1996年には諏訪湖畔で実験圃場が作られ、1,500mの水路に抽水植物のヨシを植え、ヨシ原の浄化能力の実験が行われた(沖野,2002)。水路内の流速は37-73 cm/分で滞留時間は32-64時間と長い。除去率は全窒素で70-74%、全燐で65-70%であった。小笠沢川では、滞留時間がおよそ1.2時間であり、除去率は全窒素で35%、全燐で75%となった。全窒素は半分の値であったが、滞留時間を考慮すれば、流水環境における抽水植物の除去率は高いことがわかる。

IV. まとめ

水質の浄化には滞留時間が重要な要素であるが、今回の調査結果から流水環境である河川においても、多量で密度の高い水生植物の群落が存在すれば窒素や燐をはじめ水質浄化が可能であるといえる。河川から外部へ植物を持ち出してはじめて水質が浄化されたといえるが、人の手で刈り取ることは大変である。植物帯の面積が小さければ人の手で刈ることができるが、ある程度の植物帯がなければ水質の浄化は期待できない。また、面積が大きい植物帯であっても、水中ではなく洲に生育する植物では、水質浄化の高い効果が得られない。
さらに、そのような河床構造はそこに生息している生物にも影響を及ぼす。したがって、生長のピークをむかえる10月頃、年毎に少しずつ場所をずらすなどして刈り取りを行えば、生物の生息場所は確保され、水質の浄化も可能である。

引用文献

細見正明・須藤隆一,1991.湿地による生活排水の浄化.水質汚濁研究.14 (10):674-681

木元新作,1976.動物群集研究法.-多様性と種類組成.192pp.共立出版.

沖野外輝夫,2002.湖沼の生態学.194 pp.共立出版.

桜井善雄・松本佳子・宮入美香,1985.琵琶湖・霞ヶ浦および千曲川における抽水植物の成長速度と生産力.日本陸水甲信越支部会報.10:20-21.

桜井善雄,1988.水辺の緑化による水質浄化.公害と対策,24:899-909.

谷幸三,1995.水生昆虫の観察-安全できれいな水をめざして.202pp.トンボ出版.

渡辺義人・植田誠治・桜井善雄,1985.抽水植物の成長・枯死過程におけるN,P含量の変化.日本陸水甲信越支部会報.10:23.

本研究は、平成10年度河川整備基金助成事業の補助を受けた。

原著論文　ARTICLE

ヤナギ河畔林の保全・再生に配慮した河川整備計画検討手法に関する研究

木内　勝司
三井共同建設コンサルタント株式会社河川計画部 [1]
佐々木　幹夫
八戸工業大学環境建設工学科 [2]

Katsuji KIUCHI and Mikio SASAKI: Study of River Improvement Planning to Preserve or Restore Riverside Willow Trees

摘要：河川特有の環境要素として重要なヤナギ河畔林の保全・再生に配慮した河川整備計画検討手法について、東北地方整備局管内の実河川での実施例をもとに、具体的な検討プロセスを明らかにした。ヤナギ河畔林の保全・再生に配慮した河川整備計画を策定するに際して、最も重要なことはその成立条件を現地において確認することである。そのためには①河道の変遷状況の確認、②流況分析、③現地における水位変動状況の確認、④現地におけるヤナギ河畔林の分布状況、⑤現地における微地形の確認、⑥ヤナギ河畔林の成立条件の総合検討が重要である。これらの検討結果に基づき、河道の整備目的に応じて河川管理施設の配置、構造等を検討すべきである。

Abstract: In this Paper、 a method of river improvement planning to preserve or restore riverside willow trees is cleared. The Points are following:1.Confirming of changing water channel for long term, 2.Analyzing flood flow situation for all seasons, 3.Confirming of mapping riverside willow trees, 4.Confirming of heights of land into minute detail, 5.Examining the factors.

キーワード：ヤナギ河畔林、河川環境、自然再生
Keywords: Riverside willow trees、 River environment、 Nature restoration

1. はじめに

　海外における近自然河川工法の紹介などに影響され[1]、わが国において「多自然型川づくり実施要領」1990.11 建設省(現国土交通省)河川局通達による多自然型川づくりが始まって以来 14 年が経ち、この間、環境基本法の制定 1993、これに基づく建設省(現国土交通省)の環境政策大綱による建設行政における「環境」の内部目的化、33 年ぶりの河川法の抜本的改正 1997.6 による「環境」の法目的化、ひいては環境影響評価法 1997.6 制定・1999.6 施行に至るまで、河川環境を取り巻く状況や法制度は大きく変わってきている。また、2003年 1 月には自然再生推進法が成立し、河川再生事業の計画に着手するなど、部分的な保全・再生にとどまらず、流域や河川全体を考えた自然再生に向けた気運が高まってきている[2]。

　川を整備する際に環境へ配慮することもごく一般的になってきているが、実河川においてはいまだに試行錯誤が繰り返され、自然環境の保全・再生技術が実務レベルで体系的に解明されているとは言い難い状況にあると考えられる。河川の自然環境を取り戻し、水際の自然を再生するものとして、瀬や淵の再生[3]、河原の再生、河岸やワンドの再生[4]、河畔植生や河畔林の再生などが試みられている[5]。最近では、埼玉県内を流下する荒川などで検討されている旧河道を取り込んだ湿地の再生、北海道釧路川での例に見られるように、流域全体を視野に

---

[1] 東京都新宿区高田馬場 1 丁目 4 番 15 号 TEL 03-3205-5745、E-mail:k-kiuchi@catnet.ne.jp
[2] 工博、青森県八戸市妙大関 88-1、TEL 0178-25-8074、FAX 0178-25-0722

入れた上で、広大な範囲の湿地の再生を試みるなどの大規模な自然再生事業も計画されている。

本論文は、普遍的な河川環境の構成要素として重要であり、とりわけ生物の生息環境や川らしい景観を形作る上で重要な構成要素である河畔林について、多くの実際の河川で実務的に応用できる具体的な再生手法を明らかにすることを目的にしている。ヤナギ河畔林の保全・再生に配慮した河川整備計画検討手法について、東北地方整備局管内の実河川での実施例等をもとに、具体的な検討プロセスを明らかにし、河川環境の保全・再生に関わる河川技術の向上に資するものである。

図-1 海外における近自然工法の例(スイス・トゥール川)

2. 計画検討の手順

(1)計画に必要な調査

ヤナギ河畔林の保全・再生に配慮した河川整備計画を策定するに際しては、河畔林の成立条件を現地において確認することが必要と考えられ、そのために有効な調査項目は次の6つが重要と考えられる。①河道の変遷状況の確認、②流況分析、③現地における水位変動状況の確認、④現地におけるヤナギ河畔林の分布状況、⑤現地における微地形の確認、⑥ヤナギ河畔林の成立条件の総合検討。

(2)調査項目の内容
(a)河道の変遷状況の確認

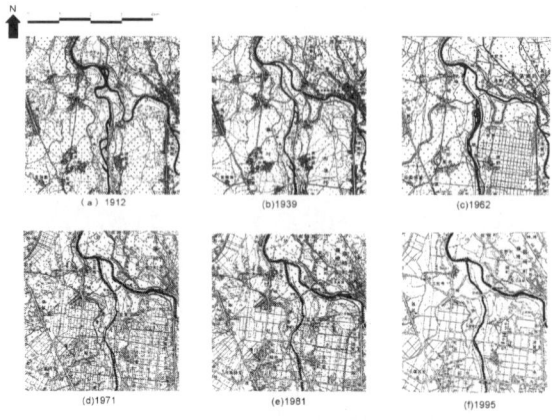

図-2 地形図による河道変遷状態の確認例(1912-1995)

-2に示すように、経年的な地形図から河道形状を追うことにより平面的な河川形状の変化が明確になる[6]。図-3、図-4に示すように、過去～最近までの航空写真を経年的に並べてみることで河川改修や周辺土地利用の変化等による河川環境の変遷状況が把握できるとともに、河道のもともとの形状の特徴も明確になる。また、数シーズンの季節別の航空写真を並べてみると、現時点における河道の季節変動や河畔林の変化状況が明確になる。このことにより、河畔林成立の条件を現地に即して平面的に把握することができる。

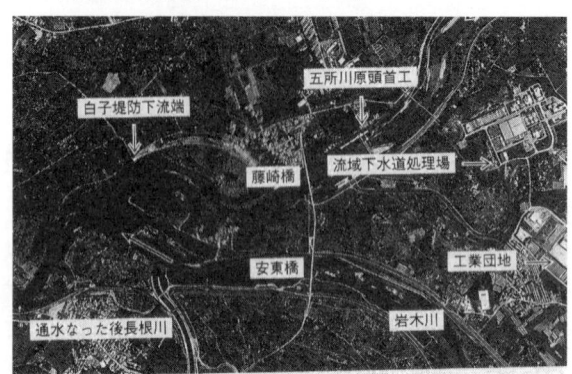

図-3 過去の航空写真例(1958.10)

図-4 最近の航空写真例(1992.9)

(b)流況分析

図-5～図-8に示すように、河川の流況は平常時と洪水時では大きく異なる。東北の多雪地帯などにおいては、3月下旬から5月上旬にかけて春水と呼ばれる融雪洪水の時期があり、1ヶ月以上に渡って1～2mの継続的な水位上昇がみられる。こうした流況の変化を現地において把握することは、河畔林の成立条件を把握する上で極めて重要である。流況の変化は、洪水時、融雪期、平常時の航空写真の判読や洪水時直後の痕跡を確認する現地踏査により把握することができる。

c)現地における水位変動の確認

ヤナギ河畔林は一定程度の冠水頻度のある河岸に成立する。ヤナギ河畔林の成立範囲は冠水頻度と密接

図－5 平常時の斜め航空写真例(1992.5)

図－6 洪水時の斜め航空写真例(1997.5)

な関係がある。冠水頻度ばかりでなく流速とも関係する。ヤナギが芽を出し1～2mの幼樹に成長しても、早い流速にさらされると根こそぎ流出する。冠水頻度が低ければ夏場の乾燥に耐えられず枯死する。このように10mを超える河畔林が成立する範囲は冠水頻度との関係で限定される。

　冠水頻度を把握するためには、現地において経年的な水位観測が望ましい。図－9に示すように少なくとも1年間程度の継続的な観察記録が必要である[7]。場合によっては、定期観測点の水位記録との関係を把握して、連続的に観測しなくてもすむ場合も考えられるが、河道の状況は場所によって千差万別であり、現地前後の橋梁の基礎や床止工、落差工などの影響により、必ずしも現地の水位変動と定期観測点の水位変動が比例的に対応するとは限らないので、相関性を確認する必要がある。

(d)現地におけるヤナギ河畔林の分布状況

　現地においてヤナギ河畔林の分布状況を調査する。低木林や高木林などに分けて分布範囲を地形図上に記録する。代表的な場所では構成樹種、高さ、密度などを調査しておくことが望ましい。また、大径木については個々の位置を地形図上にプロットすることが望ましい。図－10～図－12に確認例[10]を示す。

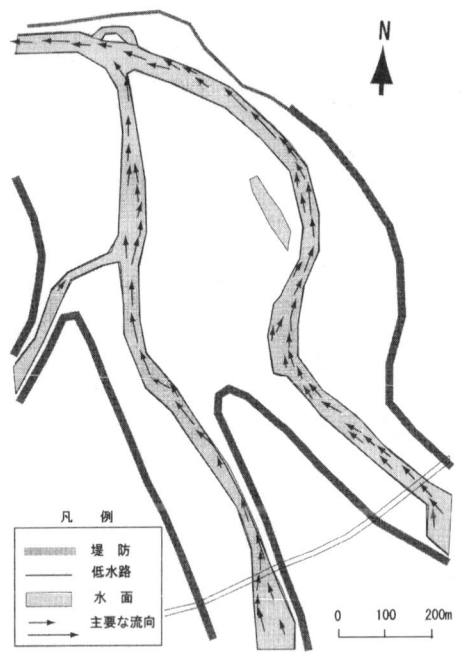

図－7 平常時の流況分析例(1992.5)

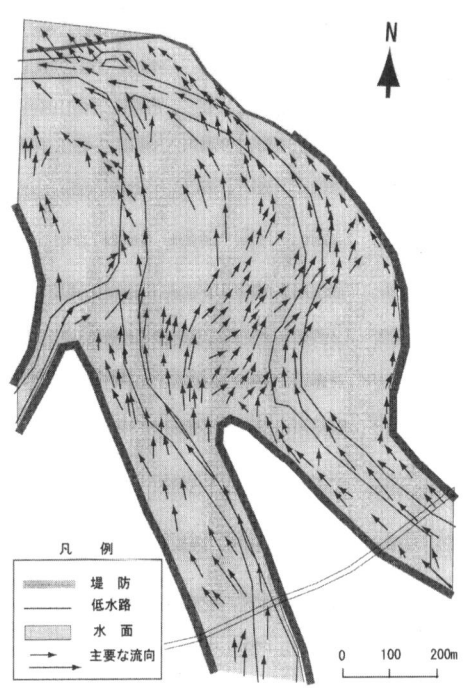

図－8 洪水時の流況分析例(1997.5)

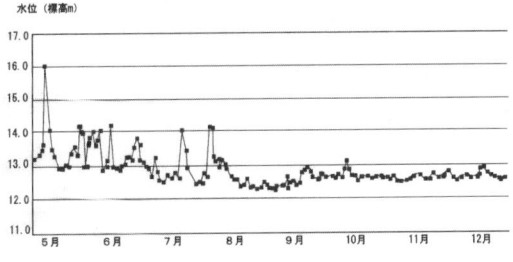

図－9 対象地の水位変動観測例(1997.5－1997.12)

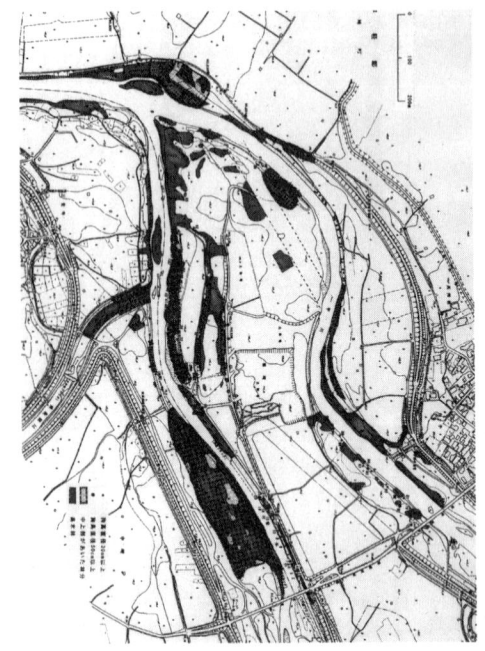

図-10 現地におけるヤナギ河畔林の分布確認例(1996.5)

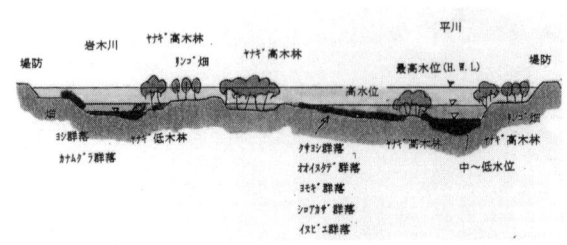

図-11 ヤナギ河畔林の断面位置確認例(1996.5)

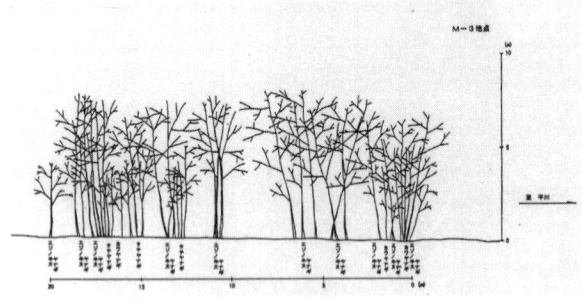

図-12 現地におけるヤナギ河畔林の構成確認例(1996.5)

(e)現地における微地形の確認

現地の測量図などをもとに0.5m単位で微地形の確認を行う。これにより、水位観測記録と照らし合わせて、水位変動の範囲・冠水頻度を平面的に確認し、ヤナギ河畔林の成立条件について平面的に把握することが可能になる。図-13に確認例を示す。

(f)ヤナギ河畔林の成立条件の総合検討

これまでのプロセスを総合して、現地における河畔林の成立条件を総合的に検討する。河道の変遷の検討結果から河道のもともとの形状の特徴、経年的な平面的河道形状の変化、河床変動の動向を分析する。流況分析の結果から、洪水時、融雪期、平常時の流況の特徴を分析する。現地における水位変動状況、ヤナギ河畔林の分布状況、微地形の調査から、対象地の地形に即したヤナギ河畔林の成立条件を平面的、横断的に総合的に判定し、河岸部において水位変動に応じたヤナギ河畔林の成立範囲を現地の微地形レベルの標高との関係で明確にする。

(3)河道整備目的にあわせた検討

河道整備目的、例えば災害復旧における護岸整備、河川改修における河道拡幅整備、あるいは河川の親水利用や環境学習のためのビオトープ回復整備など、整備目的に応じて、現地におけるヤナギ河畔林成立条件を組み込んで河川管理施設の配置、構造等を検討する。

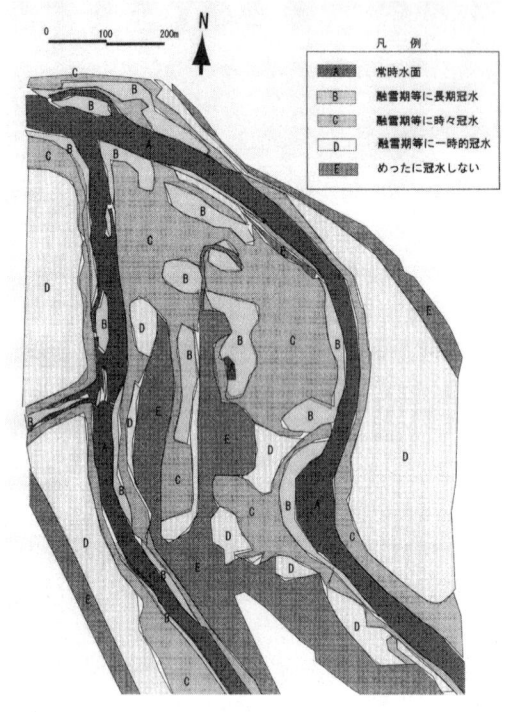

図-13 現地における微地形の確認例(1996.5)

災害復旧や河道拡幅における護岸整備が目的の場合、護岸設置位置や護岸の構造を工夫して、できるだけ既往のヤナギ河畔林を保全する。やむを得ず既往の河畔林を伐採せざるを得ない場合は、現地におけるヤナギ河畔林成立条件と河道の特徴を吟味して、ヤナギ河畔林が再生する条件を満たす護岸構造を検討する。ヤナギ河畔林は上流部や近在の母樹となるヤナギからの種子の散布によって、適度な水分条件と植生基盤となる土壌条件が満たされれば、一定の時間を経過した後に再生する。親水利用や環境学習のためのビオトープ回

復などが目的の場合は、河道の特徴と植生分布等の現地の環境調査結果から、保全するゾーン、ビオトープを回復するゾーン、利用するゾーンなど適切なゾーニングを行う。ビオトープの回復のために河川敷を造成整備する場合は、できるだけ凹凸のある変化に富んだ微地形が形成されるよう工夫する。浅水面を掘削することや細流を計画配置すれば、現地の河道状況に応じたヤナギ河畔林が再生される。

以上の計画検討プロセスを図－14に示す。

3. ケーススタディ

(1) ケーススタディ1：既存の河畔林を保全した多自然型護岸の計画

(a) 地区の特徴と河道整備の目的

図－15に調査対象地(写真左側の平川右岸)の全景写真を示す。調査対象地周辺一帯は、河床勾配・河川形態が異なる大河川の合流点で、洪水時には水をかぶることが多く、水位の変化に応じた多様な植生分布により、河川特有の自然環境が保たれているが、河床低下に伴う連接ブロック護岸基礎部の流亡により深掘れ部と河

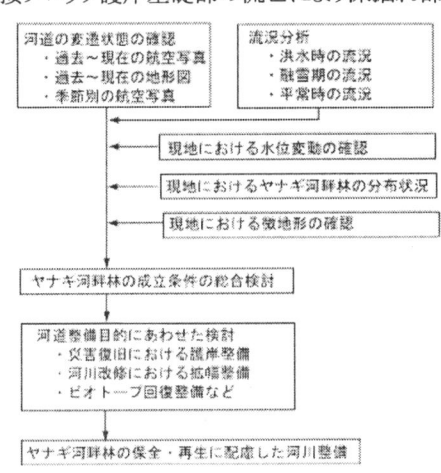

図－14 計画検討のプロセス

岸崩壊が進行している箇所があり、河川改修上災害復旧対策の必要性が指摘されている[7]。このため、既存のヤナギ河畔林の保全に配慮した護岸の整備が河道整備の目的である。

(b) 河道の変遷状況の確認

河道形状の安定性のチェックを行うため、1912年から1995年までの83年間の対象地上下流の河道形状の変化を国土地理院の地形図により確認した。1912年から1939年においては蛇行箇所の河道付け替えなどにより、河道形状が大きく変化したが、1939年以降は平面線形上の大きな河道の変化はみられない(図－2)。よって、現在の河道形状が安定に達していると考えられるので、現河道を中心にして、護岸の必要な位置を決めてよいと判断した。

(c) 流況分析

航空写真の判読及び現地踏査により、1992～1997年までの融雪期、洪水時及び低水時の流水の状況を解析した。図－7、図－8はその中の1例を示した。この流水解析の結果、深掘れ部の分布及び水際部の垂直に近い河岸の浸食の状況から、平川右岸の堤防近接の水衝部に河岸防護の必要性が高いことが明らかとなった。よって平川右岸水衝部に護岸を設置する必要があると判断した。

図－15 対象地の全景写真(ケーススタディ1・2)

(d) 現地における水位変動の把握

図－9に示すように、水位変動をほぼ1年間にわたり観測し、対象地の水位変動と植生分布との相関を概略把握して、微地形と水位の関係による水際植生の成立[8]を明らかにし、期待する水際の植生の回復状況及び生物相を想定して計画に反映した。

(e) 現地におけるヤナギ河畔林の分布状況と評価

河川水辺の国勢調査結果及び計画地の植生分布調査、植生断面調査、河畔林調査、魚類・鳥類・昆虫類等の生物相の現地調査を行い、次のように特徴点を明らかにし、環境を評価した。

河岸法肩には自然侵入による河畔植生が成立している。河岸法肩から水面にかけておおむね胸高直径10～30cmのヤナギ類の樹木が河道に沿って林立し、夏期には枝葉が水面に陰を落とし、魚類等の生物の生息環境として重要な役割を果たしている。この付近に生息する魚類はアユ、ウグイ、オイカワ、コイ、フナ等、注目すべき鳥類としては空飛ぶ宝石と呼ばれるカワセミやレッドデ

ータブックにより絶滅危惧II類に指定されているオオタカの繁殖が確認されている。以上から対象地は質の高い豊かな自然が維持されていると評価され、河川整備にあたっては極力現状を維持・保全する必要がある[9]と判断した。また河岸防御のためやむを得ず現況を改変する場所においては早期自然回復のための対策が必要であると判断した。

(f) 護岸の形状・構造の設定

①護岸構造条件；図－17に示すように洪水時の水あたりの緩和と河岸の多様化のために水制工を、河岸下部の深掘れ防止のために根固工を、河岸侵食防止のため法覆工を設置する。護岸は外力ばかりでなく、図－18に示すように、生物の生息環境の維持・回復に配慮する。自然の材料を使用し、できる限り表面にはコンクリートの使用を避ける。流下能力の低下を招かないよう河道形状を設定する。②構造の機能と特徴；[かごマット]法覆工・根固工・水制工としてかごマットを採用することにした。金網構造のかごマットは、不同沈下などによる地盤の変化に対する適応性がある。流水と地盤を遮断しない透水構造であるため、樹木根元の排水が良好となり、過剰水による根腐れを防止できる。詰め石間の空隙に魚介類、小動物の生息が期待でき、水中の石には藻類が繁茂しアユの餌場となる。[覆土]かごマットのみでは詰め石表面が乾燥した状態となる。覆土により、早期に植物の繁茂を期待し、詰め石への日射照り返しによる温度上昇を防ぎ、動植物の生息・生育環境の改善を図る。直線的な人工景観を避け、表面に起伏や法脚線に変化をつける[9]。

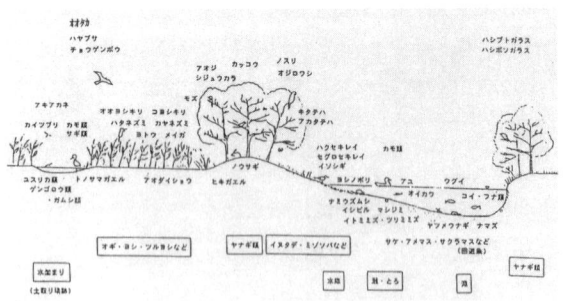

図－16 対象地のヤナギ河畔林と生物相模式図[10]

以上から、河岸法線の防御と河床洗堀対策を行うため、図－19に示すように、護岸機能の基本形は「法覆工＋根固工＋水制工」とし、生物の生息環境に配慮するため多自然型護岸として「かごマット＋覆土＋河岸既存樹木」を採用した。図－20に工事概要を示す。

(2) ケーススタディ2：河畔林の保全・再生に配慮した湿地ビオトープの計画

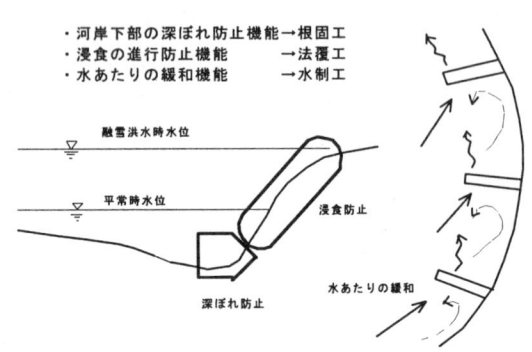

図－17 洪水制御機能の模式図

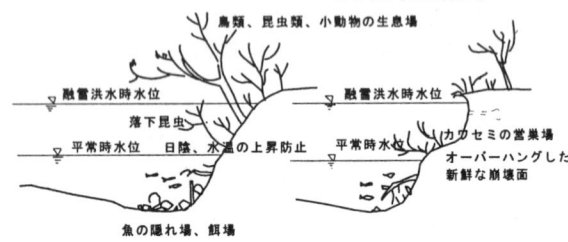

図－18 生物の生息環境保全機能の模式図

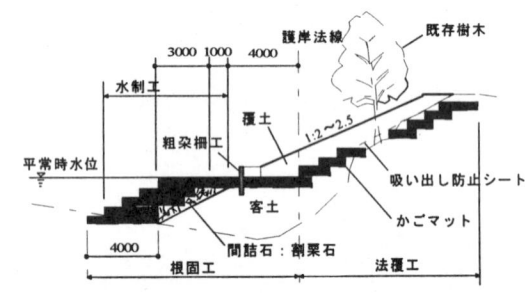

図－19 護岸の標準断面図

a) 地区の特徴と河道整備の目的

対象地の現況写真を図－15（両川に挟まれた高水敷の部分）に示す。この対象地の特徴をまとめると以下のようになる。①対象地は、岩木川上流域の森林自然域の生物相と下流域の低湿地の生物相が交錯する自然回廊の中間点で、地域のエコロジカルネットワーク上の拠点となりうる。②河川形態の異なる2つの大河川の合流点で、融雪洪水等により毎年広範囲に冠水する特異な環境にあり、水域と陸域が接する河岸の自然がきわめて豊かに維持されている。③河川改修上広大な河川敷として残存しているが、その一部には土取り場跡地があり、その早期自然回復が望まれている。④近年の自然環境への関

写真－1　河岸樹木の林立状態

写真－2　樹木存置のための切欠

図－20　既存のヤナギ河畔林を保全した多自然型護岸の工事中～整備後の写真

心の高まりを背景に、自然環境教育の重要性が叫ばれ、実際の野外フィールドでの自然とのふれあいや自然観察・学習の要請が高まってきている。本地域でもこの基本方向に立脚し、自然環境の保全と利活用を図るべきである[6]。以上の点を踏まえて、調査対象地を「岩木川流域における自然学習拠点」として位置づけ、自然とのふれあい・自然学習のためのフィールドとして整備を進めることを河道整備の目的とした。

(b)対象地のゾーニング

河川水辺の国勢調査結果及び計画地の植生分布調査、植生断面調査、河畔林調査、魚類・鳥類・昆虫類等の生物相の現地調査結果から、対象地の自然度評価を行った[10]。その検討結果から、図－21に示すように、対象地を自然保全エリア、ビオトープエリア、自然とのふれあいエリアの3つの区域に区分した。

自然保全エリアは治水上の施策を除いて手を着けず、自然の推移に任せることとした。このエリアはレッドデータブックにより希少種に指定されているオオタカの繁殖地や繁殖の可能性のあるヤナギ高木林が成立している範囲を中心に調査して設定した。ビオトープエリアは土取り場跡地の自然回復を図ることとより多様な環境を創出するため、変化に富んだ浅水面を掘削することとした。自然とのふれあいエリアは自然とのふれあい・自然観察のため、観察路や説明版・野鳥観察ブース等を配置する計画とした。自然保全エリアとビオトープリアは原則立入禁止とし、自然とのふれあいエリアから静かに観察するサンクチュアリに設定し、人の利用と自然の保護の両立を目指した。これらの検討結果を事業実施のための基本計画に反映した。図－22にその概要を示す。

(c)工事後の経緯と河畔林の再生

図－23に、造成直後から数ヶ月間の状況の変化を撮影した写真を示す。(a)は造成工事直後でほとんど裸地である。(b)は1ヶ月半後で、融雪洪水の洗礼を受けた結果、水際は自然の河原の様になり、微高地では草本類の侵入が始まっている。(c)は3ヶ月後で、水際にも草本類の侵入がみられる。(d)はその後の1週間程で草本類の繁茂が見られる。このように工事後のわずかな期間でも自然回復の過程が急速に始まりつつあり、人為的に造成されたことを知らなければ、もともとの自然の河川の状態と見分けがつかないほどである。

図－24には工事終了後4年経った現在の写真を示す。たびたびの融雪洪水等の洗礼を受けた後、再生し

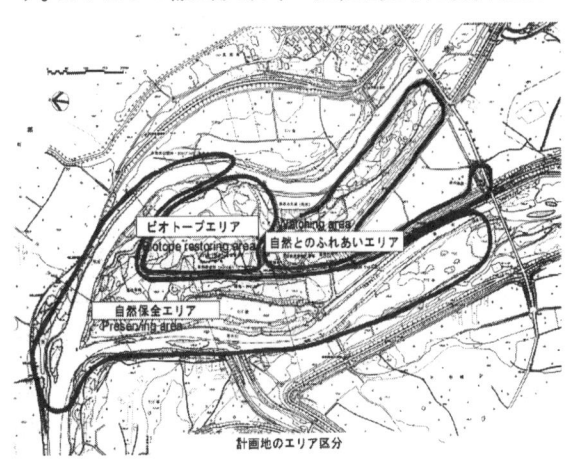

図－21　対象地のゾーニング

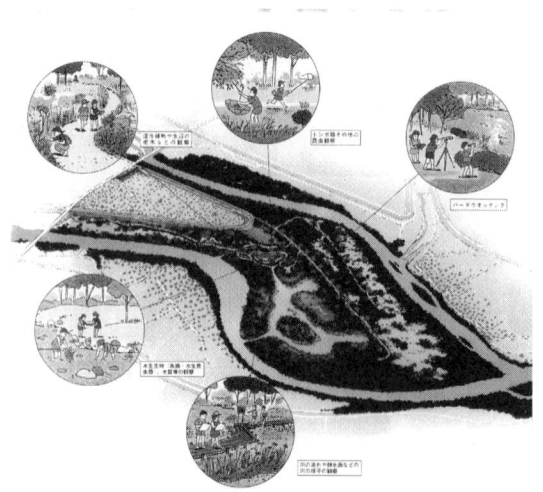

図-22 対象地の整備イメージ

図-23 造成直後の経過写真

図-24 造成4年後の河畔林の再生状況

た河畔林が繁茂している状況が示されている。このビオトープの環境は河川の自然営力によって変化し続けることを前提としており、工事の完成がすなわち計画の完了ではない。今後、その推移を見守るとともに、さらに追跡調査・研究をしていきたいと考えている。

(3) ケーススタディ3：河畔林の保全・再生に配慮した細流計画

(a) 地区の特徴と河道整備の目的

対象地の現況写真を図-25に示す。この対象地は流域内で最も大きな都市の市街地に接して流下し、親水利用の場、環境学習の場としての整備要請がある。低水敷には、瀬や淵、広い河原、河原植生がみられ、水際にはツルヨシ等の湿性植物やヤナギ高木林の発達が見られるなど多様な環境が保たれている。高水敷の植生はハリエンジュ高木林や帰化植物など移入種が繁茂し、単調な環境となっている。一方で、計画流量に対して河道断面が不足しており、河道掘削の必要性が高い。このため、既往のヤナギ河畔林を保全するとともに、帰化植物のハリエンジュが繁茂している高水敷の一部を掘削して変化に富んだ微地形を造成する。細流を計画配置し、河畔林や河畔植生の再生を図り、親水利用や環境学習の場を提供することを河道整備目的とした。

(b) 対象地のゾーニング

対象地を次に示す3つのゾーンに区分した。①自然保全ゾーン／現在の環境を維持・保全すべき場所：瀬、淵、河原、河原植生、ツルヨシ・ヤナギ等の河畔植生が発達し、河川特有の多様な水辺環境が保たれているところは治水上の施策を除いて現状を保全する。②自然回復ゾーン／水辺環境を改善して自然回復を図る場所：ハリエンジュ高木林、帰化植物等の移入種が繁茂した高水敷や中水敷は、河川の自然攪乱の頻度が低いため環境が単調化したものである。このため、高水敷利用を図る場所を除き、現地盤を掘削して環境の多様化を促し、本川から分派した細流を造成して自然回復を図り、ヤナギ河畔林の再生を図る。③利用ゾーン／多目的広場など高水敷利用を維持する。図-26にゾーニング図を示す。

図-25 対象地の現況写真（ケーススタディ3）

(c)河道計画の概要と整備後の状況

図-27に横断計画図を示す。図-28に造成前の高水敷の状況を、図-29に造成1年後の細流の状況を示す。単調な高水敷が洪水の洗礼を受けて多様に変化しつつあり、河畔植生とともにヤナギの幼木の生育が始まっている。

4. 河道全体の環境に配慮した河川整備の課題

本論文ではヤナギ河畔林の保全・再生に配慮した河川整備計画について具体的手法を明らかにすることができたと考えている。河道は千差万別であり、地域にふさわしい河川環境を保全・再生するためには、現地の情報を綿密に調査して河道の特性に応じた計画検討を進めることが重要である。従来のような定規断面を用いた画一的な整備では、河川の自然環境を保全・再生することは難しい。河川の環境は攪乱によって成り立っている。

水量の変動、土砂の流下、浸食、運搬、堆積のメカニズムは複雑である。洪水流の安全な流下と同時に、生物の生息環境や河川のもつ美しい景観を形づくる多様な環境の形成を維持していくために、今後、河道の形成にかかわる多方面の技術・研究情報を集積して、河畔林とともに、瀬や淵、蛇行、河原、河畔植生、湿地など多様な河川形態の保全・再生手法について研究していきたいと考えている。

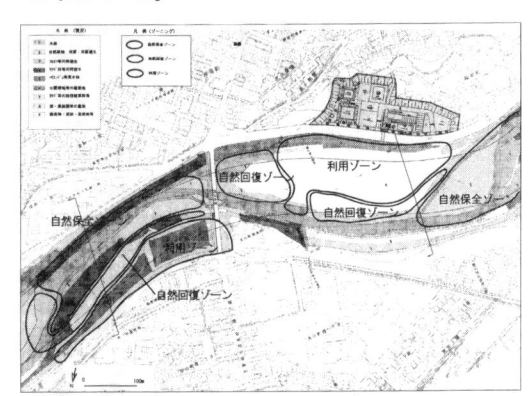

図26－対象地のゾーニング図

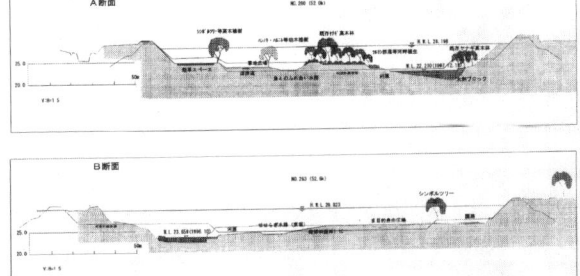

図-27 対象地の横断計画図

図-28 造成前の帰化植物が繁茂した単調な高水敷の状況

図-29 造成1年後の変化に富んだ細流の状況

自然豊かな生き生きとした河道の維持・再生が図れるよう、実務レベルでの体系的な河川環境の再生技術の研究をしていきたいと考えている。

5. 結論

本論文は、河川特有の環境要素として重要なヤナギ河畔林の保全・再生に配慮した河川整備計画検討手法について、東北地方整備局管内の実河川での実施例をもとに、具体的な検討プロセスを明らかにした。

ヤナギ河畔林の保全・再生に配慮した河川整備計画を策定するに際して、最も重要なことはその成立条件を現地において確認することである。そのためには①河道の変遷状況の確認、②流況分析、②現地における水位変動状況の確認、③現地におけるヤナギ河畔林の分布状況、④現地における微地形の確認、⑤ヤナギ河畔林の成立条件の総合検討が重要である。

これらの検討結果に基づき、災害復旧における護岸整備、河川改修における河道拡幅整備、あるいは河川の親水利用や環境学習のためのビオトープ回復整備など、河道の整備目的に応じて河川管理施設の配置、構造等を検討することが必要である。

今後の課題として、河畔林とともに、瀬や淵、蛇行、河

原、河畔植生、湿地など河道全体にわたる多様な河川形態の保全・再生に配慮した河川整備手法について総合的な研究が必要である。

謝辞：本研究を進めるにあたり、国土交通省東北地方整備局青森河川事務所には、データの提供をはじめとして様々な点で便宜を図っていただいた。ここに記して謝意を表する。

引用文献
1) 福留脩文・クリスチャン ゲルディ：近自然河川工法の研究－生命系の土木建設技術を求めて、信山社、1994.
2) 杉山恵一：自然環境復元の展望、信山社サイテック、2002.
3) (財)リバーフロント整備センター編：まちと水辺に豊かな自然を、pp.74-117、山海堂、1990.
4) (財)リバーフロント整備センター編：まちと水辺に豊かな自然をⅡ、pp.78-162、山海堂、1992.
5) クリスチャン・ゲルディ、福留脩文：近自然河川工法、㈱西日本科学研究所、1992.
6) 木内勝司、佐々木幹夫、長谷川金二：河川合流点における河川整備とビオトープの回復、水工学論文集、第45巻、pp.7-12、2001.
7) 長谷川金二、樋川満、佐々木幹夫、木内勝司：河川合流点における河川整備と河畔林の保全、水工学論文集、第46巻、pp.959-964、2002.
8) 桜井善雄：水辺の環境学、pp.33-38、新日本出版社、1991.
9) 田村保憲、樋川満、清藤博：河岸樹木を存置した低水護岸の設計・施工について、平成9年度(第51回)建設省技術研究会・自由課題、pp.103-106、1997.
10) 建設省東北地方建設局青森工事事務所、三井共同建設コンサルタント株式会社：岩木川三川合流部広域環境計画検討業務報告書、1997.

原著論文　ARTICLE

アゼスゲ(*Carex thunbergii* Steud.)の植生護岸の特徴と維持管理―身近な水辺環境の修復・創出に向けて―

辻　盛生	小岩井農牧株式会社・技術研究センター[1]・岩手県立大学大学院総合政策研究科[2]
斉藤　友彦	小岩井農牧株式会社・技術研究センター
平塚　明	岩手県立大学大学院総合政策研究科
軍司　俊道	小岩井農牧株式会社・環境緑化部[3]

Morio TSUJI, Tomohiko SAITO, Akira HIRATSUKA and Toshimichi GUNJI: About a characteristic of Bank Protection by *Carex thunbergii* Steud. and Maintainance Management —For restoration and creation about familiar riparian environment—

要旨：現在、生物多様性の保全を視野に入れた水辺植物群落の修復・創出が行われている。目標とする群落として、ヨシ(*Phragmites australis* (Cav.) Trin. ex Steud.)やガマ(*Typha latifolia* Linn.)等の大型の抽水植物が注目されているが、これらは繁殖力が強く、水面を覆い尽くして藪化する恐れがある。また、適正な規模の群落を維持するための管理に要する労力も大きくなる。このような問題点の解決策のひとつとして、中型の湿生植物アゼスゲを対象として調査した。その結果、1)アゼスゲの根系は、表層10cmの範囲に集中する構造となってルートマットを形成する。2)アゼスゲの水域への進出は水深約20cmが限界である。3)夏季の刈り取りによる管理によって草丈も抑えられる他、秋季の緑被維持の効果も期待できる。以上により、アゼスゲは修景的利用を意図した小〜中規模の水辺に適した植物であることが明らかになった。

Abstract: Now restoration and creation about a community of riparian vegetation is done for a biodiversity conservation. The large sized riparian vegetation like *Phragmites australis* (Cav.) Trin. ex Steud. and *Typha latifolia* Linn. attract attention for objective community, but they have strong propagative power, which is fair that cover surface of the water make into a bush. And labor becomes necessary for maintain the reasonable scale about riparian vegetation community. I take up and investigate *Carex thunbergii* Steud. that middle size riparian vegetation as one of a solution of it. A result is as follows. 1)The root system of *Carex tunbergii* concentrate in the surface layer about 10cm and makes rootmat. 2) The maximum depth of the water for *Carex tunbergii* is about 20cm. 3)Cutting down management in summer season expect hold down height of a plant, and maintain a green of plant in late autumn. By the above, *Carex tunbergii* is suitable for small-middle scale riparian revegetation for the purpose of scenery.

キーワード：アゼスゲ、水辺緑化、植生護岸、エコトーン、維持管理
Keywords: *Carex tunbergii,* riparian revegetation, bank protection using vegetation, ecotone, maintainance management

---

[1] 〒020-0507　岩手県岩手郡雫石町丸谷地36-1　Technical research center, Koiwai Farm, Ltd, 36-1 Maruyachi, shizukuishi-cho, Iwate-gun, Iwate 020-0507, Japan
[2] 〒020-0193　岩手県岩手郡滝沢村滝沢字巣子152-52　Graduate course of policy studies Iwate prefectural university, 152-52 Takizawa aza-Sugo Takizawa-mura Iwate-gun, Iwate 020-0193, Japan
[3] 〒020-0507　岩手県岩手郡雫石町丸谷地36-1　Planting business, Koiwai Farm, Ltd, 36-1 Maruyachi, shizukuishi-cho, Iwate-gun, Iwate 020-0507, Japan

I. はじめに

　河川法の改正、土地改良法の改正、自然再生推進法の制定と、生物多様性国家戦略を踏まえた自然環境の修復・創出に関する対策が次々と打ち出されてきている。その中で水辺植物を用いた水辺緑化の役割も大きくなっていくものと考えられる。水辺植物群落の成立する水辺は、水域と陸域という異なった環境をゆるやかにつなぐエコトーンを形成し、景観形成、生物の生息空間、植生護岸、水質浄化など、多くの機能を発揮する(桜井,1994)ことが知られている。水辺環境の修復・創出に向けた水辺緑化は、これら諸機能の発揮を目的として行われる。

　水辺植物を植栽する場合に、ヨシやマコモ、ガマといった大型の抽水性植物が選択されることが多く、小～中規模の水辺への植栽においては、植物の過繁茂が問題となることがある(近藤,2002)。これら、大型の抽水植物は、水深 1m 以上の場所にも生育可能である(浜島,1979)とされることから、広い開水面及び 1m 以上の水深が確保できる場所、水流や波による植物の進出範囲が限定される場所、あるいは草丈の高い植物の繁茂が許される場所以外においては過繁茂による問題が発生する可能性が高くなる。このような大型の抽水植物の過繁茂は、修景的な問題だけでなく維持管理上の問題の発生も懸念されることから、刈取による管理を視野に入れた研究も行われている(湯谷ほか,2002, 湯谷ほか,2003)。

　ところで、新たに創出する水辺環境においては、過繁茂による問題を回避する方法として、計画段階でこれら大型の抽水植物以外を選択することも可能である。特に、見通しを必要とする公園など、修景的な要素の強い水辺において、小～中型の水辺植物は重要な役割を果たす。しかし、実際にこのような水辺植物はあまり知られておらず、その利用のためには基礎的な性質把握が必要である。

　ここでは、水辺に生育する中型の湿生植物であるアゼスゲ(図-1)を対象に取り上げる。アゼスゲは、①日本各地に広く分布する在来の多年生湿生植物である ②草丈が 50～100cm 程度である ③地下茎を出して密な群落を形成する(写真-1, 写真-2) ④浅水中にも生育する といった性質をもつことから、見通しを必要とする水辺において、修景に加え、生物多様性の保持、増進及び植生護岸形成を目的とした水辺空間の修復・創出に一定の役割を果たす植物であると考えられる。

　本研究は、アゼスゲに対する以下の調査結果をまとめたものである。①根系の垂直分布調査 ②耐水没性試験 ③地上部刈取試験　これらにより、アゼスゲ植生護岸の特徴と、維持・管理方法、及びより効果的な修景的機能の発揮について明らかにし、小～中規模の水辺環境の修復・創出の一助とすることを目的とする。

写真-1. 調査地のアゼスゲ群落

写真-2. アゼスゲの地下茎と主根、細根

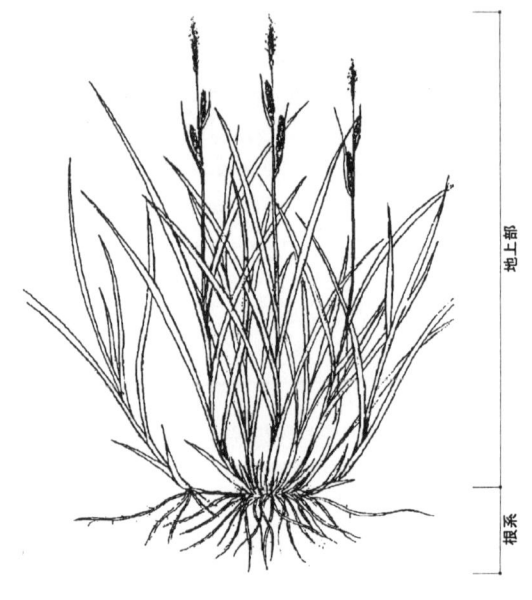

図-1. アゼスゲ(*Carex thunbergii* Steud.)

Ⅱ. 調査項目及び方法

根系の垂直分布状況の実地調査は栃木県上三川町の蓼沼親水公園で実施した。地上部刈取試験、耐水没特性試験は岩手県岩手郡雫石町の小岩井農牧㈱環境緑化部水辺緑化苗圃内において実施した。

1. 根系垂直分布調査

1)試験地の状況

試験地は、平成12年3月に施工された親水公園の池周辺のアゼスゲ植栽地である(写真-1)。遮水シートを設置し、その上に砂礫からなる現場発生土を埋め戻し、水際部を植生ロール(辻・軍司,2004)で固定し、湿生植物の植生基盤として砂質土を約30cm客土している(図-2)。直径6cmのヤシ繊維を基盤とするアゼスゲのポット苗を16pot/m²の密度で植栽した。施工後は適宜帰化植物等の選抜除草管理が行なわれており、良好な状態を維持している。調査時には、植栽基盤の砂質土上に1～2cm水がかぶっている状態であった。

2)調査及び根系サンプル採取方法

調査はH15年10月27日に実施した。25cm×25cmのコドラートを3箇所設定し、草丈、自然草高、株数を測定した(表-1)。10cm×10cm×50cmのアルミ製土壌サンプル採取器(自作)を用いて25cm×25cmのコドラートの中央部から根系の垂直分布を見るための土壌サンプルを採取した。表層30cmの砂質土からなる植生基盤より深い部分は、礫が障害となり土壌サンプル採取器を挿入することはできなかったため、土壌サンプルは30cm未満となった。

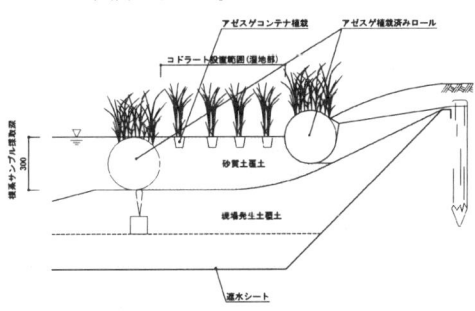

図-2. 調査地施工断面図

3)測定方法

採取した土壌サンプルは、表層から5cmごとに現地で切り分け、個々にビニール袋に入れて持ち帰り、土砂を洗い流して根系のみを取り出した。取り出した根系は、地下茎、主根、細根に分別した。地下茎は明確に区別できるが、主根と細根の区別は、ここでは一次根及び直径約0.5mm以上のものを主根、それ以外の細い根を細根とした(目視による)。地下茎、主根については各サンプル毎に一部長さを実測した。細根については、ランダムに3サンプルを代表として抽出し、その内の一部をできるだけ均等に平板上に均し、写真撮影を行ったものをCADソフト上でトレースし、延長を測定した。各サンプルごとに長さを測定したものとそれ以外を分けて、通風乾燥機で60℃36時間乾燥させた後の乾燥重量を測定し、単位長さあたりの重量を算出した(以降の乾燥重量測定は、同様の方法による)。細根においては、3サンプルの平均単位重量を代表値として各サンプルの延長を算出した。

25cm×25cmのコドラート上の植物体を採取して持ち帰り、乾燥重量を測定した。

2. 耐水没特性試験

1)試験区の設定

幅90cm、長さ170cm、深さ40cmのプラスチック製の水槽を用い、一定の水深を維持するように沢水を供給した。10.5cmのビニルポットにヤシ繊維を基盤として育成したアゼスゲを3ポットずつビニルポットから外し、ポット苗基盤の天端より水深0cm、10cm、20cm、30cmの4通り設定し、H15年7月1日に設置した。ポット苗は、浮き上がり防止のために各区毎に不織布で包み、重石を乗せたプラスチック製のトレーに固定した。

2)測定方法

測定は、草丈、株数、根長、地下茎数の4項目で行った。7月1日から週1回測定を開始し、8月5日の測定から2週に1回とした。草丈は、秋季に枯れ下がった部分を除く、緑を維持している部分で測定した。

根長及び地下茎は、7月22日から測定を開始した。浮き上がり防止の目的で3potを一枚の不織布で包んだため、ポット苗毎の根系の判別が困難であることから、ポット苗毎の測定ではなく、各区毎に根系の長い方から3本の長さを測定した。地下茎においても同様の理由で、各区毎の総数を測定した。なお、地下茎においては、分枝した地下茎もそれぞれ本数に加えた。

表-1. 調査区の状況

	密度 (株/m²)	草丈 (cm)	自然草高 (cm)	乾燥重量(g/m²) 地上部	根系	水深 (cm)
調査区1	816	119	69	563.2	1382.3	2
調査区2	1024	100	77	552.0	1580.8	1.5
調査区3	1056	94	68	481.6	1640.6	2

注)密度及び乾燥重量はm²当りに換算

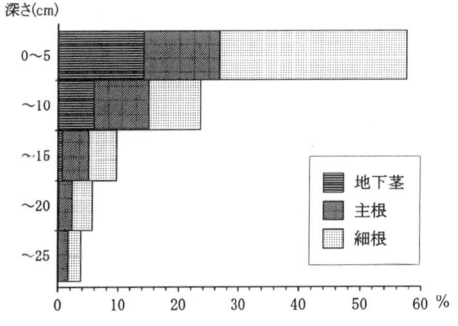

図-3. 根系乾燥重量構成比の垂直分布(平均値)

表-2. 根系延長垂直分布

深さ(cm)	地下茎 平均値(m)	SD	主根 平均値(m)	SD	細根 平均値(m)	SD
0〜5	2.93	0.38	8.23	2.47	317.90	36.67
〜10	1.41	0.51	6.82	2.56	86.53	29.24
〜15	0.13	0.09	3.46	1.47	47.61	8.19
〜20	0.06	0.10	1.80	0.16	32.95	4.98
〜25			1.88	1.01	22.17	5.95

注)10cm×10cm×5cmサンプル内の延長

3. 地上部刈取試験

1)試験区の設定

屋外に設置された 7m×10m の育苗用水槽に、5cm の水深を維持するように沢水を供給した。使用したポット苗は、直径 10.5cm のビニルポットにヤシ繊維を基盤としてアゼスゲを育成したものである。設置は平成 15 年 7 月 1 日に実施し、各区において 3 ポット使用した。

7月、8月、9月、10月に刈取りる年1回刈取区と、7・8月、7・9月、7・10月、8・9月、8・10月、9・10月の年2回刈取区を設定した。刈取を実施しない対照区(11月刈取区)を設け、さらに全ての区において 11 月に刈取を行った。なお、刈取は地際から実施した。

2)測定方法

測定は、草丈、株数、刈り取った地上部の乾燥重量、根系の伸長量、葉の葉緑素量の 5 項目において実施した。

草丈及び株数は、1ヶ月に 1 回刈取を行う前に、各区のそれぞれのポットにおいて測定した。秋季の草丈は、枯れ下がった部分を除き、緑を維持している部分を測定した。刈り取った地上部は乾燥重量を測定した。

根系の伸長量は、8月6日の測定時にビニルポットを外し、根系の伸張状況を確認できる状態にした後、9月、10月、11月の刈取時に測定した。水槽の底面に直接ポット苗を置いていたため、根系はポット苗底面から放射状に伸びていたことから、各ポット苗において 4 方向の根の長さを測定し、その平均値をデータとして用いた。

葉の葉緑素量(SPAD 値)は、葉緑素計(ミノルタ SPAD502)を用いて測定した。葉緑素量は、10 月 17 日に葉の枯れ落ちていない部分の上端から約 1/3 の位置において、各区毎に15箇所ずつ(5箇所/pot)実施した。

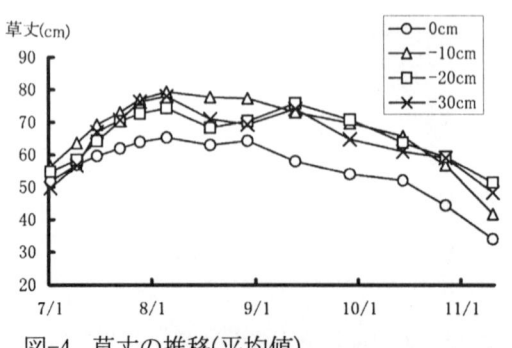

図-4. 草丈の推移(平均値)

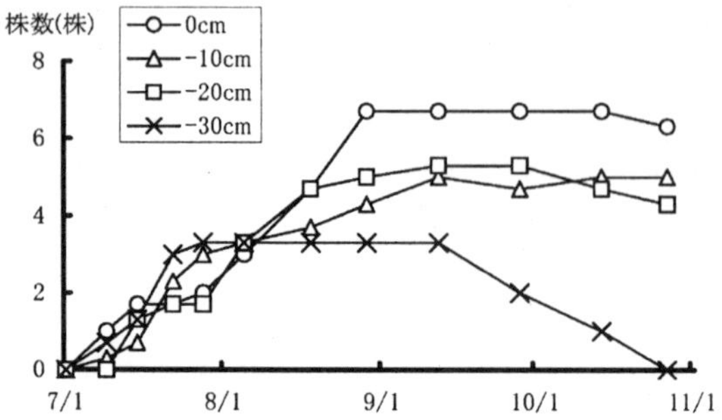

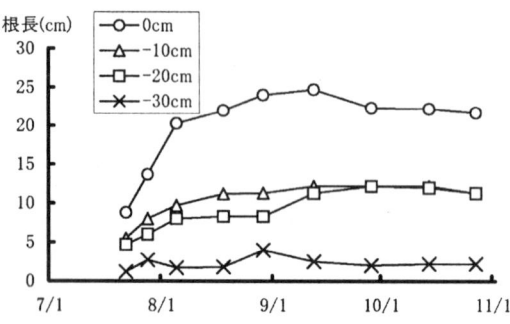

図-5. 株増加量の推移(平均値)

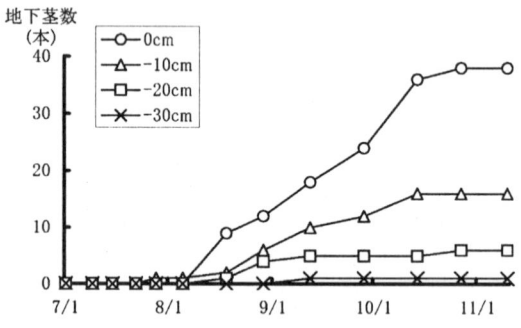

図-6. 根系の長さの推移(平均値)

図-7. 地下茎数の推移(平均値)

Ⅲ. 結果

1. 根系垂直分布調査

1)試験地アゼスゲ群落の状況

平成 12 年 3 月にアゼスゲの植栽を実施しており、平成 15 年 10 月の調査時には群落を形成していた。各調査区の地上部の成立密度、草丈の状況、地上部及び根系の乾燥重量を(表-1)に示す。なお、密度および乾燥重量はm²当りに換算している。

2) 根系の垂直分布

各コドラートから採取した根系サンプルの乾燥重量垂構成比の直分布(平均値)を示したものが(図-3)である。根系の約 81%が深さ 0〜10cm に集中している。さらに、細根の現存量の約 63%が、地下茎においては約 68%が 0〜5cm 部に集中している。

根系の器官ごとに 10cm×10cm×5cm(500cm3)のサ

ンプル内の延長を求めた結果が(表-2)である。重量比でも表層部5cmのサンプルに占める細根の割合は高く、平均値で約53%となっているが、延長に換算すると300m以上の数値(平均値)となる。

2. 耐水没性試験
1)草丈
 (図-4)に草丈(平均値)の推移を示す。水深0cm区の草丈が、水没させている区(-10,-20,-30cm区)に比べ、有意に低く推移する傾向が見られる。(p<0.05,Repeated measure ANOVA, Tukey-Kramer test)。

2)株増加量
 (図-5)に株の増加量(平均値)を示す。0cm区の増加量が最も多く、-30cm区においては7月28日以降増加が止まり、9月12日からは枯死が見られる。-10cm、-20cm区においては、その中間的な増加量を示し、極端な減少傾向は見られない。検定結果ではそれぞれのデータに有意差は見られなかった(Repeated measure ANOVA)。

3)根長
 (図-6)に根長(平均値)の推移を示す。-10cm区と-20cm区の間以外に有意差が認められた(p<0.05,Repeated measure ANOVA, Tukey-Kramer test)。0cm区が20cm以上となり、-10cm、-20cm区は約1/2の長さとなった。-30cm区においては、5cm未満であり、水没以降根はほとんど動いていない状態である。

4)地下茎本数
 (図-7)に地下茎数の推移を示す。0cm区～-20cm区においては、8月中旬から地下茎が伸びはじめ、10月下旬まで増加傾向が続いた。-30cm区においては、9月12日の測定時から1本が観察されたのみであった。-30cm区と0cm区、-30cm区と-10cm区の間に有意差が見られた(p<0.05,Friedman test, Sheffe's test)。

3. 地上部刈取試験
1)刈取後の地上部の再生
 各区毎の草丈(平均値)の推移と刈り取った際の地上部乾燥重量(平均値)を示したものが(図-8)である。また、刈取後草丈のピーク(平均値)と11月刈取時の乾燥重量(平均値)の関係を(図-9)に示す。
①草丈
 10月に刈取を実施した区は刈取後の草丈が他区に比べて有意に低い(p<0.05,One-factor ANOVA, Tukey-Kramer test)。11月刈取区における草丈の平均値のピークは8月の56.7cmであった。10月刈取区を除く1回刈取区における刈取後の伸長は早く、ピーク

はそれぞれ10月に観察された。7月刈取区と8月刈取区の間には有意差は見られず、9月刈取区は7月刈取区・8月刈取区に対して有意に低い結果となった(p<0.05,同上)。11月刈取区の8月の草丈のピークと比較すると、それぞれ7月刈取区:66%、8月刈取区:59%、9月刈取区:32%となる。

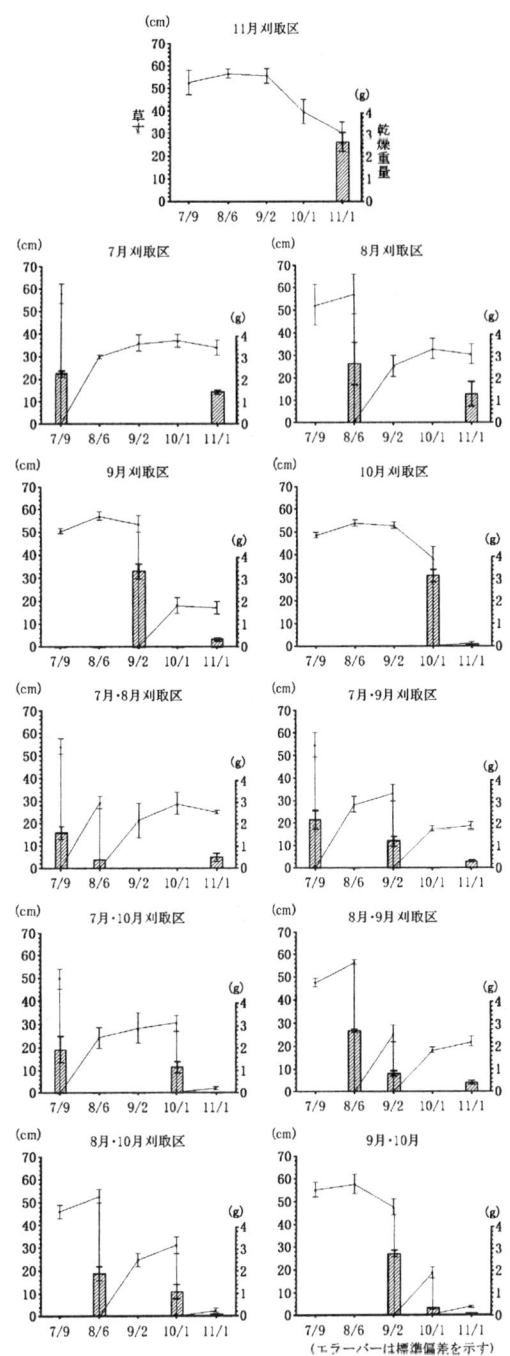

図-8. 草丈の推移と刈取時の乾燥重量

7・9月刈取区の8月刈取後の草丈の平均値のピークは10月の29.0cmであり、8月刈取区の刈取後ピークである

33.0cm と比較すると約 89％であり、両者の間に有意差は見られない(p<0.05,同上)。また、7・9月刈取区、8・9月刈取区、9月刈取区における9月刈取後の草丈のピークにも、それぞれ有意差は見られない(p<0.05,同上)。

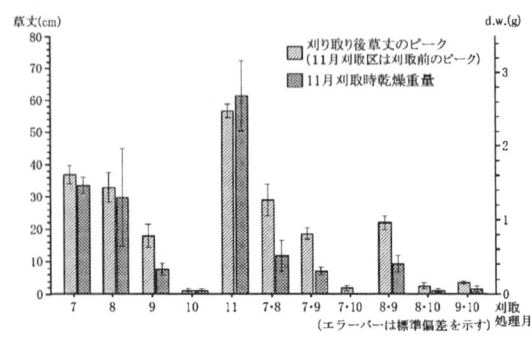

図-9. 刈取後草丈のピークと 11 月刈取時の乾燥重量

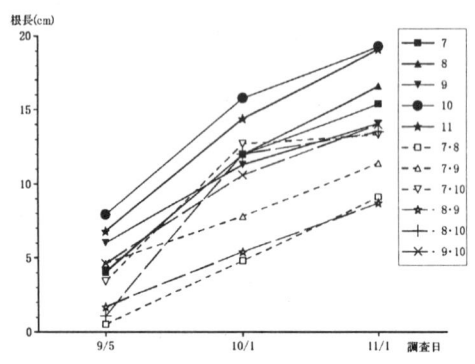

図-10. 地上部刈取処理区毎の根長の変化

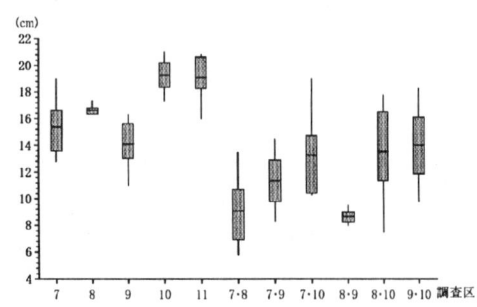

図-11. 11 月 1 日調査時の根長

②乾燥重量

　11 月の地上部乾燥重量の平均値で比較すると、7 月刈取区が 1.5g、8 月刈取区が 1.3g、9 月刈取区が 0.3g、10 月刈取区が 0.05g であり、9 月刈取区は 7 月刈取区と、10 月刈取区は 7 月刈取区・8 月刈取区と有意差が見られた(p<0.05,同上)。

　7・8 月刈取区の 11 月の地上部乾燥重量の平均値は 0.5g であり、8 月刈取区の 1.3g と比較すると重量比では約 39％に止まっているが、有意差は見られない(p<0.05,同上)。7・9 月刈取区、8・9 月刈取区、9 月刈取区における 9 月刈取後の乾燥重量に有意差は見られ

ない(p<0.05,同上)。

2)根長の変化

　(図-10)に根長の変化を示す。10 月、11 月区がそれぞれ長い。7・8 月刈取区、7・9 月刈取区、8・9 月刈取区においては短い値を示した。2回刈取区において低い値を示すが、伸びが停止するわけではない。7・8 月刈取区は 10 月刈取区・11 月刈取区・8 月刈取区と、7・9 月刈取区は 10 月刈取区と、8・9 月刈取区は 10 月刈取区・11 月刈取区との間で有意差が見られた(p<0.05,Repeated measure ANOVA, Tukey-Kramer test)。(図-11)に、11 月 1 日に測定した根長の分布を示す。

3)刈取による緑被維持

　ここでは緑を維持している部分を草丈としてカウントしていることから、草丈の減少量は枯れ下がった長さを意味し、草丈の変化から緑被の維持を読み取れる。11 月刈取区においては、8 月をピークに減少し、11 月は 30.3cm(26.4cm 減)である。7 月刈取区においては、10 月に 37.0cm にまで草丈が回復し、11 月は 34.0cm(3.0cm 減)である。8 月刈取区は、同じく 10 月に 33cm となり、11 月は 30.7cm(2.3cm 減)である。9 月刈取区は、10 月に 18.0cm、11 月は 17.0cm(1.0cm 減)である。10 月刈取区は、11 月に 1.3cm の伸長量となっている。

　(図-12)は、10 月 17 日に測定した SPAD 値を示したものである。10 月に刈取を実施した区においてはほとんど伸長せず、測定不能であったことから除外している。計測される数値は SPAD 値であるが、ここではクロロフィ

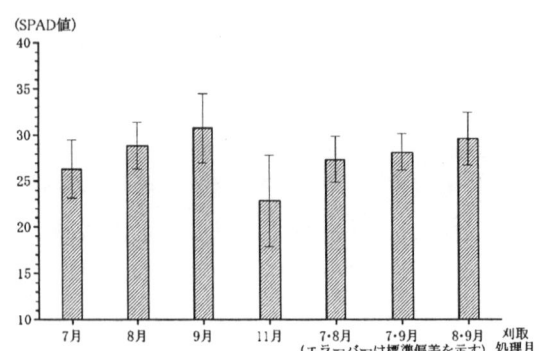

ル量と SPAD 値との相関を検討していないので、相対的な指標とする。葉の緑を維持している部分の SPAD 値は、11 月刈取区で低い傾向が見られ、また、刈取区においても刈取時期が遅い方が SPAD 値は高い結果となっている。なお、11 月刈取区は、7・8 月刈取区・7・9 月刈取区・8・9 月刈取区・8 月刈取区・9 月刈取区との間で、また、7月刈取区と9月刈取区の間においても有意差が見られた (p<0.05,One-factor ANOVA, Tukey-Kramer test)。

　図-12. 10 月 17 日調査時の SPAD 値

IV. 考察

1. 根系垂直分布調査

1) アゼスゲ群落の状況

杉浦ほか(2002)は、ヨシ-アゼスゲ群落における8月の調査において、アゼスゲの生育密度を730本/m²と報告している。本調査地においてはアゼスゲの純群落であることから、約800～1000株/m²と高い生育密度であった。密に生育する地上部は、水流のせん断応力を吸収して土砂の掃流を防ぐ働きをする(堀口ほか、1995、木村ほか、2003)とされることから、アゼスゲにおいてもその効果が期待される。

草丈は、1m前後であったが、これは葉を伸ばした状態の全長であり、葉の先端部分が湾曲していることから自然草高としては70cm前後である。視界をさえぎらず、群落を形成しても藪化しないことから、景観形成を目的とした水辺緑化に適した種であると言える。しかし、1m以上草丈があり、繁殖力の強い植物(例えばアメリカセンダングサ)には庇圧されてしまうため、群落維持のためにはこのような植物を除去する管理が必要となる。なお、群落を形成することで、除草対象となるような植物が入りにくくなる(澤田ほか、2002)とされることから、植栽後群落が形成するまでの維持管理が特に重要と言える。

2) 根系の垂直分布

アゼスゲの根系は、表層部に集中する特徴があることが明らかになった。表層部5cmにおける10cm×10cm(500cm³)のサンプル内の根系の構成要素別に延長で見ると、地下茎で約3m、主根で約8m、細根に至っては300m以上存在する(平均値)。地下茎は深部には至らず、さらに細根が張り巡らされることにより、微細な土砂を捕捉する役割を果たし、ルートマットを形成する。ヨシにおいては、地下茎が10cmから50cmの深さにおいて分布し、その中心は30cmから40cmの深さにある(福岡ほか、2003)とされることから、形成される植生護岸の性質がヨシとは大きく異なる。

3) 根系垂直分布調査まとめ

公園内の流れや農業用水路の多自然化などの水辺緑化において、ヨシのように地下茎が深く入りこむ性質は、維持管理や除去作業に支障をきたす可能性がある。アゼスゲのように、密に生育する地上部を持ち、ルートマットを形成する性質は、小～中規模の水辺における植生護岸において合理的なものである。

2. 耐水没性試験

1) 草丈

アゼスゲを水没させた場合、草丈が高くなる傾向が見られた。草丈のピークを記録した8月5日以降における水没区の草丈の平均値を0cm区の草丈の平均値と比較すると、-10cm区が13.3cm、-20cm区が12.3cm、-30cm区が11.3cm長くなっている。これは、水没に対するアゼスゲの補償現象と考えられる(近藤ほか、1986、澤田ほか、1999)。しかし、-10cm区より深い区において、深さと草丈が比例関係にはないことから、水深10cmより深くなると、適応の範囲を超えてくるもとの考えられる。

2) 株増加量

株数の変化において、有意差は見られなかったが、-30cm区において7月28日以降に株数の増加が止まり、9月12日以降は枯死による減少が見られることから、水深による生育抑制と考えられる。

3) 根系および地下茎

根系及び地下茎においては、水深の増加に従って伸長量が減少し、-30cm区ではほとんど伸びていない。このことから、アゼスゲの生育限界は水深20cm程度であると考えられる。よって、アゼスゲによる水辺緑化の計画においては、水深約30cmを確保しておけば開水面を維持することが可能となる。逆に、止水環境であれば水深20cm程度まで進出できることから、規模は小さいが水辺のエコトーンとしての役割を果たす植物であると言える。

4) 耐水没性試験まとめ

水深10cmより深い部分においてはアゼスゲの根系は発達しにくくなり、30cmになると生育できなくなることから、アゼスゲは比較的浅い水深で生育範囲を制御できる植物であると言える。根系垂直分布においても、10cmより深い部分の根系分布は平均値で約19%と少ない。このことから、アゼスゲの植生護岸を創出する場合には、10cmより深い部分においてぐり石の設置などの補強が必要となる点で注意が必要である(図-13)。なお、植物の状況をより明確に把握するために、次年の追跡が必要である。

図13. アゼスゲの植生護岸創出例

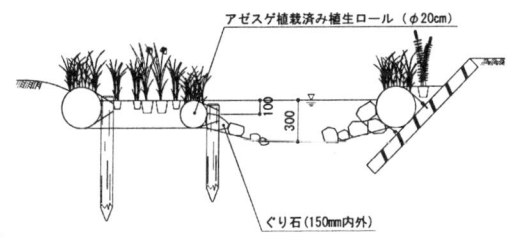

3. 地上部刈取試験

1) 刈取後の地上部の再生

7月刈取区、8月刈取区における刈取後の草丈のピークは、刈り取らずに草丈のピーク(8月)を迎えた11月刈取区と比較すると、それぞれ約66%、59%であり、低く抑えられている。各試験区の再生した地上部の11月刈取時の乾燥重量においては、それぞれ1回目刈取時の約65%、48%である。8月刈取区において低い値を示すものの、草丈が低くなっていることから、相対的な緑被としては十分な量を確保している。

7・8月刈取区の11月刈取時の乾燥重量と8月刈取区の11月刈取時の乾燥重量と比較すると、バイオマス量の再生が約39%に止まっており、アゼスゲの成長期間内に実施される2回刈取は、アゼスゲの再生に影響を与えると言える。なお、7・9月刈取区、8・9月刈取区、9月刈取区における9月刈取後の草丈の伸びの差は無く、乾燥重量の違いも少ない。これは、9月以降のアゼスゲの伸長が盛んに行なわれなくなることを示しており、群落の再生を意図して行なう刈取は、8月上旬までに行う必要があることが示唆された。

2) 根長の変化

根系の伸びを見ると、7・8月刈取区、7・9刈取区、8・9刈取区において低い傾向があり、生長期における2回刈り取りがアゼスゲの根系の伸長に影響を与えていると言える。しかし、根系の伸びが止まっているわけではないことから、直接枯損に至るような影響は無いものと考えられる。

3) 刈取による緑被維持

11月刈取区においては、葉の緑を維持している部分がピークであった8月と比べると11月においては26.4cm減少している。しかし、7月刈取区、8月刈取区においては、刈取後の草丈のピークが10月に現れ、これと11月の草丈を比較するとそれぞれ3cm、2.3cmの減少に止まっている。減少量は、枯れ下がった長さを意味し、11月刈取区において10月には既に14.0cm枯れ下がっている。葉の先端部から順次枯れ下がってくるため、外観上は冬枯れのような状況を呈する。しかし、7月刈取区、8月刈取区においては、地上部が更新されたことにより枯れ下がりが起こらず、草丈は低いが11月においても緑被を維持している。8月上旬までに1回刈取を行うことにより、アゼスゲ群落の緑被を長く保つことが期待できる。また、10月17日時点の葉緑素量で比較した場合、刈取時期が遅いほど葉緑素量が多い傾向があることから、葉が更新されることにより、色としての緑も濃い状態を維持していると言える。

4) 地上部刈取試験まとめ

8月上旬までに刈取を行なった場合には、アゼスゲの緑被の回復は早く、年1回の刈取であれば植物自体が受ける影響も少ない。また、秋季の緑被を維持させる副次的な効果も得られる。9月以前に年2回刈取を行う場合には、根系の伸長や11月の乾燥重量に影響が見られる。単年度であれば枯損に至ることは無いが、年2回刈取を複数年続けた場合には、影響が現れることも考えられる。

なお、本試験はポット苗を対象に実施したものであり、かつ単年度における結果を基にしている。次年の状況を継続調査し、刈り取りによって受ける影響を明確にしていきたい。また、根系の動きとバイオマス量から個体の受ける刈取の影響を予測したが、実際に群落を形成したアゼスゲにおける動態については今後の調査が必要である。また、刈取を地際から行ったが、実際の刈取においては5～10cm程度地上部が残るのが一般的であることから、より厳しい条件で実施したものと言える。

Ⅴ. まとめ

アゼスゲの根系分布、適応水深が明らかになり、植生護岸として導入する上での知見が得られた。アゼスゲは、地上部が密に生育する中型の水辺植物であり、地下10cmに集中する根系によりルートマットを形成することで植生護岸として機能する植物であることが明らかになった。生育可能な水深が20cm程度という結果を得たことから、水辺環境の修復・創出において30cm程度の水深を確保することでアゼスゲの進出を制御し、さらに大型の抽水性植物の侵入を防ぐ管理を実施することで、容易に開水面を維持することができると考えられる。

全面的に刈り取るような管理においても再生が早く、8月上旬までに実施することで、秋の緑被を維持する副次的な効果が期待できる。また、生育期間に2回刈取を行なった場合には植物体が受ける影響は大きいが、直接枯損には至らないことから、単年度の維持管理において2回刈取を実施することも可能である。草丈が低く藪化しにくいアゼスゲにおける刈取管理の目的としては、アゼスゲ自体の過繁茂の抑制よりもアゼスゲ以外の植物の駆逐が考えられる。対象が1年草であれば単年度で2回、駆除対象の植物種が最も影響を受けると考えられる時期に全面刈取を行なうことが可能である。なお、刈取による維持管理は、アゼスゲ以外の種への影響も考えられることから、実際に生育している種を確認し、除去対象を明確にした上で実施方法を検討する必要がある。

以上の結果から、アゼスゲは小～中規模の水辺環境

の修復・創出において、利用価値の高い植物の一つであると言うことができる。水辺緑化を実施する際には、どのような状態に安定させるかという目標をあらかじめ設定しておくことが重要である。アゼスゲ群落を目標に設定し、適切な維持管理を実施することで、過度の藪化を回避し、景観形成や植生護岸を目的とする水辺エコトーンの創出が可能になる。

　水辺緑化において植栽する水辺植物は、現地調査や地方植物誌等の文献、聞き取り調査等により、現地付近に自生する(あるいは自生していた、自生する可能性が高い)もので、対象地の環境条件に適合した植物を選定し、その中から目標とする植生護岸や景観形成が可能である植物を選定することが原則である。また、アゼスゲは、同一種内での変異の大きい種であるともされている(星野ほか,2002)。植物種の遺伝的系統を保全する目的で、同一種であっても他地域からの種苗導入が問題視されている(日本緑化工学会,2003)ことから、遺伝的系統の保全が必要と判断される場合には、地域性系統の種子からの育苗による契約生産(辻ほか,2004)も視野に入れておく必要がある。

　梅本・山口(1997)によると、田植え前の畦塗りと3〜4回/年の刈取管理が行なわれる大阪府の伝統的畦畔における構成種の中にアゼスゲが挙がっている。構成種は、刈取に対する抵抗力があるとされ、アゼスゲはその中で最も水を好む種であることから、畦(あるいは水路)の水際部を護岸する役割も果たしていたものと考えられる。小規模ではあるが水際部のエコトーンを形成するアゼスゲは、伝統的な水田地域において多くの生物の生息に寄与していたのではないかと推測される。

　今後の課題としては、群落における刈取の影響及び、複数年に渡る刈り取りでの再生能力について検討が挙げられる。

謝辞
　実地調査を了解していただいた栃木県上三川町都市計画課、実地調査の段取りをしていただいた株式会社落合東光園の皆様に対し、この場を借りて御礼申し上げます。

引用文献

福岡捷二・福田朝生・永井慎也・小谷哲也・富田紀子(2003):ヨシを用いた水際保護の研究、水工学論文集,47,997-1002

浜島繁隆(1979):池沼植物の生態と観察,ニューサイエンス社,13-15

堀口剛・菅和利・伊藤弘樹・岡本享久(1995):植生ポーラスコンクリートブロックの流水抵抗に関する研究、コンクリート工学年次論文報告集,17(1),301-306.

星野卓二・正木智美・西本眞理子(2002):岡山県スゲ属植物図譜、山陽新聞社

木村保夫・鈴木正幸・水沼薫(2002):植生の導入による河岸の安定化に関する研究―植生及び河道の動態を中心に―、自然環境復元研究,1(1),59-66

近藤雅治(2002):企業内ビオトープの普及と問題点、水環境学会誌,25(8),13-17

近藤三雄・福沢千栄子・高橋新平(1986):濁水・流水条件下における緑化植物の冠水抵抗について、造園雑誌,49(5),114-119

日本緑化工学会(2002):生物多様性保全のための緑化植物の取り扱い方に関する提言、日本緑化工学会誌,27(3),481-491

桜井善雄(1994):水辺の自然環境―特に植生のはたらきとその保全について、人と自然,3,1-15

澤田一憲・辻盛生・阿久津研二(2002):自然再生事業における維持管理―せせらぎ水路造成後の維持管理―、日本造園学会東北支部会,東北のグリーンマネージメント事例報告集,49-52

澤田一憲・斉藤友彦・辻盛生・阿久津研二(1999):数種の水辺緑化用植物についての春季冠水の影響、第30回日本緑化工学会研究発表会研究発表要旨集,230-233

杉浦俊弘・中武禎典・馬場光久・小林裕志(2002):アゼスゲ(*Carex thunbergii* Steud.)の生態および発芽特性、日本緑化工学会誌,28(1),298-301

辻盛生・軍司俊道(2004):植生ロールによる水辺緑化施工事例の検証、日本緑化工学会誌,29(3),400-403

辻盛生・軍司俊道・斉藤友彦(2004):生物多様性保全に向けた水辺植物の地域性種苗に関する契約生産とそのコストの試算、日本緑化工学会誌,28(4),104-407

梅本信也・山口裕文(1997):伝統的水田における畦畔植物の乾物生産、雑草研究,42(2),73-80

湯谷賢太郎・浅枝隆・シロミカルナラツヌ(2002):夏季の刈取りがヨシ(*Phragmites australis*)の生長に及ぼす影響、水環境学会誌,25(3),157-162

湯谷賢太郎・田中規夫・武村武・浅枝隆(2003):刈取時期の違いがヒメガマ(*Typha angustifolia*)の再成長に及ぼす影響、日本緑化工学会誌,29(1),21-26

原著論文　ARTICLE

谷津田における農業排水路の形態・物理環境特性と魚類生息分布との関連性－千葉県下田川流域を事例として－

小出水　規行・竹村　武士・奥島　修二・山本　勝利
独立行政法人農業工学研究所 [1]
蛯原　周
日本海洋株式会社 [2]

Noriyuki KOIZUMI, Takeshi TAKEMURA, Shuji OKUSHIMA, Shori YAMAMOTO and Shu EBIHARA: Relationship between Morphological and Physical Environment Properties of Canal and Fish Distribution in Yatsu Paddy Field, the Shitada-gawa River Basin, Chiba Prefecture

摘要：谷津田の農業排水路における魚類生息場の形成要因の解明に向けて、千葉県大栄町の下田川流域において、排水路の形態及び物理環境と魚類生息分布の関係を調査した。その結果、水路全体で10魚種を確認し、全魚種個体数密度の60％を占めるドジョウが当流域の優占種となった。主要排水路と下田川本川との接続部に20cm以上の水位差があると、排水路内の魚種数は有意に減少した。ドジョウの個体数密度は圃場整備に伴う水路の改修、生活排水などによる水質汚濁に依存し、さらに、植生が繁茂可能な砂泥底空間の確保が生息場条件として重要であると示唆された。

Abstract: Since the 1960's, numerous land consolidation projects have been performed in rural areas of Japan. Dual-purpose canals around paddy fields have been changed to irrigation through pipes and drainage by means of concrete canals, and many functions for fish habitat have also been degraded in the canals. To clarify environment factors required for restoration of fish habitat, we investigated the relationship between morphological and physical environment properties and fish distribution of dual-purpose and drainage canals in the Shitada-gawa River basin (C.A. 10km^2) in Chiba Prefecture. From July 2002 to December 2003, we surveyed materials, substrate, water width, depth, flow condition vegetation, etc. in canals, and collected fish with electric shockers and hand nets at monthly intervals. The sampled field data were analyzed statistically, yielding the following results. First, structural barriers appear to limit species richness. The fish species found in canals are dependent on the height of drops at the canal junctions with the Shitada-gawa River. Where the drops disturbed continuation of the water level, there were only a few species in the canals as most fish could not ascend large drops. Second, water quality appears to limit the numbers of fish using the canals. Loach were collected in the most of canals. The density of the loach population decreased in the drainage canals into which gray water flowed, and it is suggested that habitat with sand and vegetation, which were observed in the dual-purpose canal, was suitable to loach.

キーワード：　魚類生息場、ドジョウ、農業排水路、谷津田、千葉県下田川流域
Keywords: fish habitat, loach *Misgurnus anguillicaudatus*, morphological and environment properties of canal, Yatsu paddy field, the Shitada-gawa River basin in Chiba Prefecture

---

[1] 〒305-8609　茨城県つくば市観音台2-1-6、National Institute for Rural Engineering, Kannondai, Tsukuba 305-8609, Japan
[2] 〒114-0005　東京都北区栄町9-2、Nippon Kaiyo Co., Ltd., Sakae-cho, Kita-ku, Tokyo 114-0005, Japan

小出水 規行・竹村 武士・奥島 修二・山本 勝利・蛯原 周

I．はじめに

現在、日本の水田は国土面積(37.8万 km²)の約7%(2.7万 km²)を占め、農業水路(用水路及び排水路)は一級河川総延長(大臣直轄管理)の40倍、約40万 kmにも達している。数値は莫大である一方、これまでの都市開発に伴う水田の減少、米生産性・作業効率を向上させるための圃場整備は、用水路と排水路の分離、水路のコンクリート化、頭首工や落差工の設置等により、魚類をはじめとする生物の生息環境の悪化を招いた(片野1998、中川2000)。

しかし、近年、土地改良法の改正や環境に対する意識の高まりにより、圃場整備事業や水利施設の建設においては生態系への配慮が不可欠となっている。そのため、魚類の生息分布や環境との応答関係に関する基礎的知見が全国各地の現場で求められ、さらに、これらの知見を活用した施工技術の開発が、研究だけでなく社会的にも強く要請されている。

一般に、圃場整備等に伴う環境変化やその変化が生物に及ぼす影響は対象地域の面積規模、地形、標高によって大きく異なる。特に、平野部においては数10km²以上に及ぶ低平地の水田よりも、空間が比較的小規模な谷津田での変化が著しい。谷津田は台地や丘陵地の浅い谷(谷津)に開田され、その歴史は2,000～3,000年に及ぶ(犬井2002)。谷津田の多くは湿田であり、農村特有の豊富な生物相を形成してきた(守山2000)。したがって、圃場整備等に伴う区画整理、水路改修は谷津田における魚類の生息分布にかなりの影響を及ぼすと考えられる。しかし、これまでの農業水路における魚類の研究については、中山間等の水田を中心に展開されてきた(例えば、片野ら2001、Katano *et al.* 2003、中村・尾田2003)。

本論文では、農業水路整備と魚類等、生物に適した環境要因保全の解明が求められる中、谷津田における農業排水路を対象に、その形態及び物理環境特性と魚類生息分布との関係について現地調査を実施した。

II．調査方法

1. 調査対象流域（千葉県下田川流域）

関東平野の8割は台地と丘陵に占められ、台地と丘陵の縁には多くの谷津田が形成されている(犬井2002)。本論文では水稲作が盛んな利根川下流域に位置し、複数の谷津田によって構成される千葉県下田川流域を調査対象とした。

下田川の流域面積は9.9km²、本川延長は5.1kmである(図-1)。下田川は千葉県北東部の下総台地を樹枝状に開析しながら流下し、同県大栄町の大須賀川を経て、同県佐原市で利根川に合流する。下田川周辺の土地利用は、低地(面積2.4km²)において水田、台地(面積7.5km²)において畑または宅地となっている(図-1)。

水田に囲まれた下田川には49本の農業排水路(各延長31m～4.5km)が支川として合流する。さらに、1960年以降の圃場整備等に関連して、水路材料(写真-1)や落差工の設置数等が排水路によって異なる他、一部の排水路では生活排水が流入する(図-1)。

2. 排水路における環境計測及び魚類採捕
1) 調査定点の設定

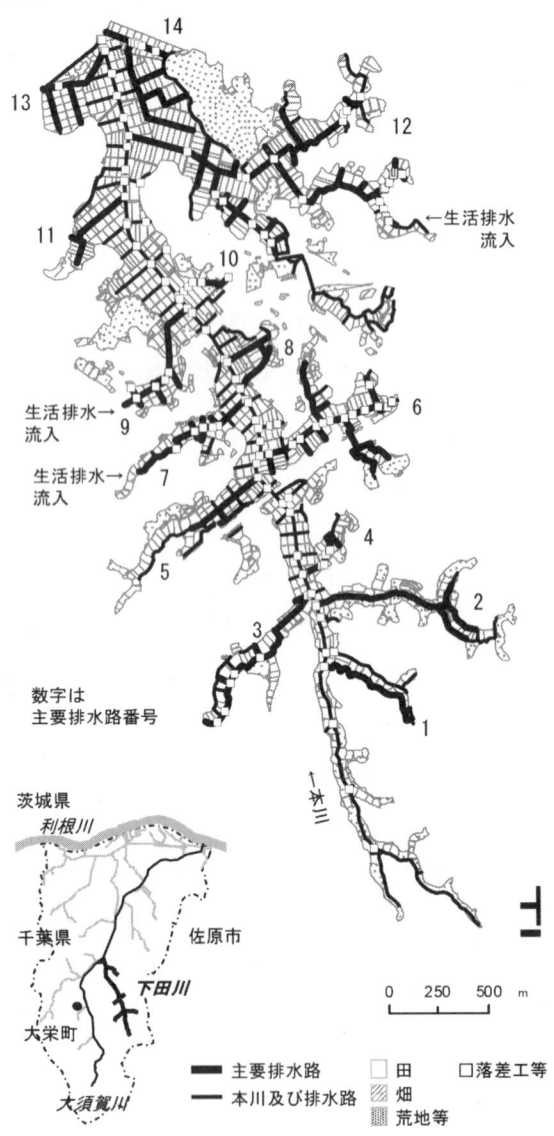

図-1 下田川流域における農業排水路の空間配置

写真-1 圃場未整備地区の土水路（左）と整備地区のコンクリート柵工水路（右）

事前に国土基本図（縮尺1/2,500）と航空写真を利用して、流域における排水路の空間配置や延長、圃場の整備状況を確認した。既報（小出水ら2000a、2000b、2002）や現場での作業効率を考慮して、数値またはカテゴリによる排水路の形態、魚類の生息場形成に関連する物理環境要因を設定した（表-1）。
表-1の要因に基づいて、本川及びすべての排水路の延長をセグメントに細分化した。各セグメントは、いずれかの要因が水路延長上で大きく変化する点を境界とし、境界から境界までの環境が均質とみなせる区間（各2.9～142.5m）に相当する。作業は田植え直後の2002年5～6月に行った。

表-1　排水路の形態と物理環境に関する要因

要因		計測値またはカテゴリ
形態	水路利用	用排（兼用）、排水
	流入水	湧水、河川水、生活排水
	水路材質	土・岩、柵工（コンクリ2面）、フリューム（コンクリ3面）
	水路幅	左岸～右岸の水路・畦天端（cm）
	落差工数	排水路内の水位差20cm以上の落差工数
	本川合流水位差[1]	排水路と本川との合流部の水位差（cm）
物理環境	水面幅[1]	左岸～右岸の水際（cm）
	水深[1]	横断面平均（cm）
	流況[1]	速（30cm/s以上）、中（30～20cm/s）、遅（20～10cm/s）、微（10～0cm/s）
	底質	砂礫（粒径1cm以上）、砂泥（1～0cm）、コンクリ
	植生[1]	種類：抽水、水中、湿生、なし 被度：高密（100～75%）、中密（75～25%）、低密（25～0%） 高さ：高（丈100cm以上）、中（100～50cm）、低（50～0cm）
	オーバーハング[1]	被度：高密（100～75%）、中密（75～25%）、低密（25～0%）、なし

[1] 季節的に計測値が変動する要因

写真-2　電気ショッカーを用いた魚類採捕

環境計測及び魚類採捕の対象排水路として、セグメントの構成が異なる水路30本を選定した。調査定点は各排水路の特徴を反映する主要セグメントに設定した他、水路延長に応じて偏りのないよう1～30（合計約150）点を配置した。

2）環境計測と魚類採捕
調査定点における環境計測及び魚類採捕を2002年7月～2003年12月の期間、各月1回（合計18回）実施した。調査期間中、圃場整備や道路工事に伴う大きな水路改修はなかった。各定点、各回の調査ともに方法はすべて統一し、環境計測及び魚類採捕は同時に行った。
環境計測については、表-1の物理環境に関する要因を中心に測定した。魚類採捕については、漁具として電気ショッカー（アメリカ・スミスルート社製12型、水中に低電流の直流を数10秒間流し、魚を麻痺させる方法）とタモ網を利用し（写真-2）、定点周辺約5m区間に生息するすべての魚類を捕獲した。捕獲魚類については、その場で魚種名、個体数、魚体サイズ（全長）を記録後、放流した。

Ⅲ．調査結果と考察

1．主要排水路の形態及び物理環境特性

本論文では300m以上の延長をもち、調査定点が2点以上の主要排水路14本について解析を行った（図-1の太線の排水路）。表-2は主要排水路の形態及び物理環境の一部をまとめたものであり、かんがい期と非かんがい期を代表させて2003年7月と12月の計測結果を示している。各要因のうち、定点ごとに異なり、水面幅等の計測値が数値であるものは定点の平均、流況等のカテゴリによるものはモードを採用した。

下田川流域における主要排水路は、表-1の形態要因によって、便宜的に4つの型に分けられた。Ⅰ型は流域上流の圃場未整備地区における未改修水路で、用排兼用の湧水の流れる土水路（水路1、2、4、5）、Ⅱ～Ⅳ型は圃場整備により改修され、河川水の流れる排水路である。Ⅱ型は土水路（水路11、13）、Ⅲ型はコンクリ柵工水路（水路3、6、8、10、14）、Ⅳ型は生活排水も流入するコンクリ柵工水路（水路7、9、12）である。また、Ⅱ～Ⅳ型の水路では勾配を緩和させるための落差工が設置され、多いところでは20箇所を超えている。排水路の多くは本川との合流部に20cm以上の水位差をもち、常に水域が連続している水路は4本しかなかった（表-2）。

排水路の物理環境について、7～12月の水深変化をみると、約半数の水路において減少する傾向が確認できる（表-2）。ただし、10cm以上の差が生じているのは流域下流の水路13、14だけであり、同時に水面幅や流況の変動について勘案すると、主要水路における水理条件は通年して安定的と考えられる。また、底質や植生について水路全体をながめると、底質は砂泥が多く、植生の繁茂は水路によって異なった（表-2）。

表-2 主要排水路の形態及び物理環境特性（2003年7月と12月の計測結果、形態要因における水路型及び各要因のカテゴリについては、それぞれ本文及び表-1を参照）

水路番号	形態						物理環境					その他	
	型	利用	流入水	水路材質	落差工数	本川合流水位差 cm	水面幅[1] cm	水深[1] cm	流況[2]	底質[2]	植生種類[2]	総延長 m	定点数
						7→12月							
1	I	用排	湧水	土	0	19→20	48→39	9→6	中→中	砂礫	湿生	641	4
2	I	用排	湧水			0→0	94→96	13→12		砂泥	抽水	1,245	8
3	III	排水	河川水	柵工	7	55→55	114→103	12→11	中→遅	砂礫	なし	1,165	10
4	I	用排	湧水	土	0	61→60	65→51	9→6			なし	368	6
5						45→46	99→106	15→15			抽水	485	7
6	III	排水	河川水	柵工	25	60→61	75→86	7→13	遅→遅		なし	2,197	17
7	IV		河川水+生活排水		7	50→51	85→90	11→10			湿生	957	9
8	III		河川水		1	40→41	60→60	5→5				580	5
9	IV		河川水+生活排水		7	37→57	85→69	14→6	中→遅	砂泥	なし	959	9
10	III		河川水		5	20→27	60→60	3→8	遅→遅			304	2
11	II			土	0	73→65	65→60	5→7	遅→微		湿生	498	4
12	IV		河川水+生活排水	柵工	39	0→0	103→91	16→19	中→遅		なし	4,423	29
13	II		河川水	土	1		142→92	19→5	遅→微		抽水	831	8
14	III				5		99→83	38→11	遅→遅			1,406	9

[1]定点の平均、[2]定点のモード

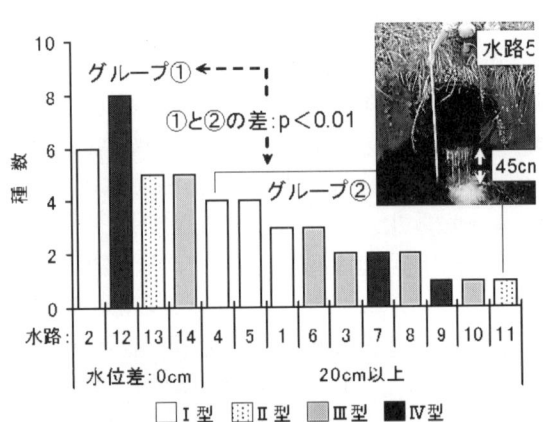

図-2 主要排水路における下田川本川との合流部水位差と魚種数との関係（写真は水路5における本川との合流部）

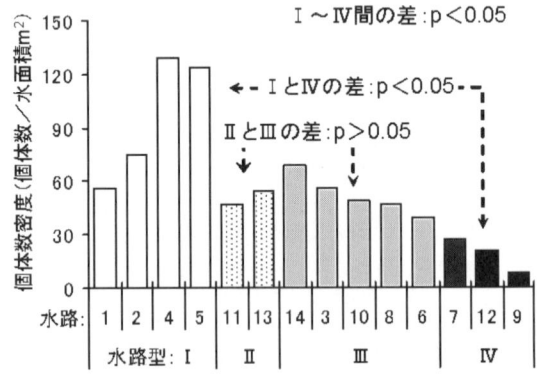

図-3 主要排水路の水路型とドジョウ個体数密度との関係（水路型については本文及び表-2を参照）

2. 主要排水路の魚類生息分布

各月の調査定点における採捕魚類については、定点間や月間での相対的な比較できるように、水面積 $1m^2$ あたりの（平均）個体数密度を次式で求めた。

個体数密度（個体数／水面積 m^2）＝採捕個体数／（水面幅 m×採捕区間 m）

表-3は調査期間中に出現した魚種について、主要排水路間での比較を行うために、月別の定点平均密度の積算値（18ヵ月分）を示している。

魚種数は、外来種のオオクチバス *Micropterus salmoides salmoides* を除いて排水路全体で10種が確認され（表-3）、当流域における既存の調査結果（関東農政局両総農業水利事業所・農村環境整備センター2000、2001）を2魚種ほど上回った。さらに、未整備圃場が現存する関東地方の他の谷津田と比較しても、魚種組成は異なるが、種数については同程度であることが確認された[3]。水路によって改変の程度は異なるが、流域全体の魚種数については、特に異常はなかったと思われる。

---

[3]蛯原 周（2004、私信）

表-3 主要排水路における生息魚類の個体数密度（2002年7月～2003年12月における各月の定点平均密度の積算値、単位は個体数／水面積 m^2、水路型については本文及び表-2を参照）

水路番号	型	種数	スナヤツメ Lethenteron reissneri	ギンブナ Carassius auratus langsdorfii	オイカワ Zacco platypus	モツゴ Pseudorasbora Parva	タモロコ Gnathopogon elongates elongatus	ドジョウ Misgurnus anguillicaudatus	ホトケドジョウ Lefua echigonia	メダカ Oryzias latipes	ボラ Mugil cephalus cephalus	トウヨシノボリ Rhinogobius sp.OR
1	I	3	0.3	0			0	56.6	27.3			0
2	I	6	11.0	0.1			19.5	74.7	11.7			2.9
3	III	2	0	0			0	56.4	0			0.2
4	I	4	12.8				0.5	129.2	18.2			0
5	I	4		4.6			5.6	124.2	15.9			
6	III	3			0	0		40.0	1.1	0	0	0.2
7	IV	2						27.1	0.1			
8	III	2		0			0	47.2	0.2			0
9	IV	1	0					8.4				
10	III	1						49.0	0			
11	II	1						46.4				
12	IV	8		1.1	0.1		1.0	21.1	0.4	2.2	0.03	0.1
13	II	5		1.0	0	0.1	0.9	54.1	0	2.4	0	0
14	III	5		0.2		0	8.6	68.7	0.1	73.0		
総計		10	24.1	6.9	0.1	0.1	36.0	847.4	77.3	77.5	0.03	3.4

魚種組成は一生の多くを排水路や河川で過ごす種が中心となり（表-3）、現在、全国規模で実施されている田んぼの生き物調査における採捕結果（農林水産省農村振興局 2003）と共通する種もみられた。また、調査期間を通じて、季節に伴う種組成の大きな変化は認められず、唯一、海水魚のボラ Mugil cephalus cephalus が2003年6月に水路12で出現した。本種は稚魚期のごく一時期に河川等の淡水域に迷入することがあり、近隣の大須賀川の上流でも確認されている（関東農政局両総農業水利事業所・農村環境整備センター 2000, 2001）。したがって、本調査で採捕されたボラは利根川下流から来遊してきたと考えられる。

ドジョウ Misgurnus anguillicaudatus はすべての排水路に出現し、その個体数密度は魚種全体の60%を占めることから（表-3）、水路全体における優占種と判断された。さらに、レッドリスト（環境省野生生物課 2003）で指定されている絶滅危惧IB類（EN）のホトケドジョウ Lefua echigonia と絶滅危惧II類（VU）のスナヤツメ Lethenteron reissneri が流域上流の水路1、2、4などで、絶滅危惧II類（VU）のメダカ Oryzias latipes が下流の水路12～14で採捕され、現在では数少ない、これらの魚種の生息適性環境をもつ水路が確認された。

3. 主要排水路の形態及び物理環境特性と魚類生息分布との関連性

1）下田川本川との合流部水位差が魚種数に及ぼす影響

主要排水路の魚種数は多いところで8種（水路12）、少ないところで1種（水路9～11）となり、水路型とは関係なく排水路間で異なった（表-3）。ここでは、魚種数に影響を及ぼす排水路形態の要因として、下田川本川との合流部水位差との関係を解析した。

図-2は本川との合流部水位差が0cmの排水路をグループ①（水路2、12～14）、残りの水位差が20cm以上の水路をグループ②（排水路1、3～11）に分け、各水路の魚種数をあらわしている。グループ①の種数は8～5種と比較的多く、グループ②では1～4種と少ない。さらに、グループ間の差についてKruskal-Wallis（クラスカル・ウォリス）検定を実施した結果（石村 1994）、その差は有意に認められた（$\chi^2=8.192$、d.f.=1、$p<0.01$）。

すなわち、検定結果は排水路と本川との合流部水位差が魚類の移動阻害要因となり、グループ②の水路については本川から分断化されていることを示唆している。またこの考察は、採捕結果は示していないが、定点調査と同時に実施したモンドリと定置網による本川での魚類採捕において[4]、グループ①と同程度またはそれ以上の魚種がグループ②の水路付近で確認されていることからも、概ね妥当であると考えられる。

2）排水路の形態及び物理環境がドジョウ個体数密度に及ぼす影響

ドジョウは主要排水路の優占種であるが、その個体数密度は

---

[4] 小出水 規行（2004、未発表）

水路によって異なった（表-3）。ここでは、水路の形態及び物理環境の違いからドジョウの個体数密度に及ぼす影響について解析した。

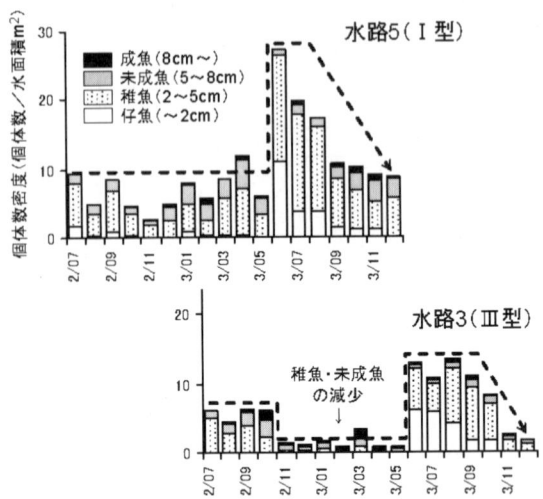

図-4 水路5と水路3における成長段階別のドジョウ個体数密度の季節変動（点線はフリーハンドによるトレンド）

図-3は水路型を基準にして、各水路のドジョウ個体数密度（表-3）を示している。水路型間における個体数密度を比較すると、密度が高いのはⅠ型となり、密度の低いⅡ～Ⅳ型の中では、特にⅣ型で低かった。そこで前節と同様に、Kruskal-Wallis検定を行った結果（石村 1994）、水路型間における密度には有意な差が認められ（$\chi^2=10.460$, d.f.=3, $p<0.05$）、さらに、Scheffeの多重比較による結果では、Ⅰ型とⅣ型との差が有意となった（$\chi^2=10.292$, d.f.=1, $p<0.05$）。
検定結果を考察すると、水路型間における個体数密度の差は圃場整備に伴う水路改修による影響と考えられる。また、改修水路において生活排水が流入する場合は、さらに水質汚濁による影響が加わり、ある程度の耐性をもつドジョウにとっても、その生息条件は不適であることを示している（図-3）。
一方、多重比較の結果では、Ⅱ型とⅢ型において有意な差は認められなかった（$\chi^2=0.066$, d.f.=1, $p>0.05$）。両水路型の違いは水路材料であり、その大きな違いは水路の横断面形状に反映される。したがって、砂泥などのドジョウにとって潜砂可能な底質であれば、水路材料や断面形状による生息場への影響は少ないことが推察される。むしろ、上述したように、水質条件を良くすることがドジョウにとって重要であろう。
最後に、個体数密度の高い未改修水路Ⅰ型と密度は低いが一般的な改修水路Ⅲ型との違いを比較した。図-4は両水路型を代表させて、水路5（Ⅰ型）と水路3（Ⅲ型）の成長段階別の月別個体数密度を示している。成長段階は久保田ら（1965）や田中（1999、2001）に準拠して、仔魚（全長2cm未満）、稚魚（2cm以上～5cm未満）、未成魚（5cm以上～8cm未満）、成魚（8cm以上）とした。

個体数密度は両水路ともに繁殖期である6～9月に高くなり（図-4）、既報（田中 1999、2001）における変化と概ね一致した。一方、10月～翌年5月は減少する傾向にあり、水路3におけるその割合は水路5よりも顕著であった。減少する個体の主体は稚魚と未成魚であり、これらの個体は翌年に産卵親魚となるため、水路における個体群維持に大きく影響すると考えられる。したがって、水路Ⅰ型とⅢ型における密度の差は、いわゆる非かんがい期における稚魚と未成魚の現存量に関連すると推察される。
また、稚魚と未成魚の減少について、その原因が餌量不足や捕食者による死亡、水路から本川への移動によるものかは不明である。しかし、減少要因が水路の物理環境にいくらか関連している場合は、両水路における環境条件の比較から（表-2）、できるだけ多くの個体が潜砂できるよう植生が繁茂可能な砂泥底空間の確保（例えば、コンクリ柵工水路を固定するために、河床全面を礫で固めるのではなく、植生が生えられるような空隙をもつ空間の確保、または施工技術の導入）が、減少緩和につながる条件と考えられる。

Ⅴ．おわりに

本論文では、千葉県下田川流域の谷津田において農業排水路の形態及び物理環境特性と魚類生息分布の関連性について調査した。排水路と下田川本川との合流部水位差、圃場整備地区の改修水路と未整備地区の未改修水路との比較から、水路における水質、底質、植生等が魚類生息場の形成要因として重要であることを示した。
しかし、解析対象の魚類は当流域において優占種となったドジョウであり、その他の魚種や魚類群集の解析、そもそもドジョウが優占種となった根本的な原因解明については今後の課題とされる。また、本調査を他の地域に適用して行けば、対象地区における魚類の生息適性環境が次第に明らかになると予測される。しかしながら、生息場の保全や復元を考える上では、適性環境の空間的配置や連続性を踏まえたネットワーク評価が不可欠である。今後は個体レベルでの移動を調査し、生息場ネットワークの解明に取り組むと同時に、具体的な保全工法についての施工技術を開発して行きたい。
本調査は千葉県大栄町農政課のご理解とご協力により実施した。農業工学研究所の渡嘉敷 勝氏、向井章恵氏、筑波大学大学院生の椎名政博氏、愛知県農業総合試験場の田中雄一氏、土木研究所の村岡敬子氏、大石哲也氏には現地における環境計測及び魚類採捕にご協力いただいた。ここに記して深謝の意を表する。
本研究はプロジェクト研究「流域圏における水循環・農林水産生

態系の自然共生型管理技術の開発」及び科学研究費補助金(若手研究 B)「農業用水路の魚類生息場としての機能解明:水理環境の季節変動と魚類生活史に関連して」の一部として行った。

引用文献

犬井 正(2002):里山と人の履歴、新思索社、東京、361 pp.
石村貞夫(1994):すぐわかる統計処理、東京図書、東京、224pp.
環境省野生生物課(2003):改訂・日本の絶滅のおそれのある野生生物[汽水・淡水魚類]、自然環境研究センター、232pp.
関東農政局両総農業水利事業所・農村環境整備センター(2000):平成 12 年度大須賀川排水路環境整備検討委託業務報告書、関東農政局両総農業水利事業所、1-36.
関東農政局両総農業水利事業所・農村環境整備センター(2001):平成13年度八間川排水路・一宮川環境整備検討委託業務報告書、関東農政局両総農業水利事業所、1-73.
片野 修(1998):水田・農業水路の魚類群集、水辺環境の保全、朝倉書店、東京、67-79.
片野 修・細谷和海・井口恵一朗・青沼佳方(2001):千曲川流域の3タイプの水田間での魚類相の比較、魚類学雑誌、48(1)、19-25.
Katano, O., Kazumi Hosoya, Kei'ichiroh Iguchi, Motoyoshi Yamaguchi, Yoshimasa Aonuma and Satoshi Kitano (2003): Species diversity and abundance of freshwater fishes in irrigation ditches around rice fields, Environmental Biology of Fishes, 66, 107-121.
小出水規行・藪木昭彦・中村俊六(2000a):IFIM／PHABSIM による河川魚類生息環境評価-豊川を例にして-、河川技術に関する論文集、6、155-160.
小出水規行・中村俊六・東 信行(2000b):魚類調査、河川生態環境評価法、東京大学出版会、東京、89-101.
小出水規行・竹村武士・山本勝利・奥島修二(2002):魚類生息場としての農業排水路評価の試み、平成14年度日本水産学会大会講演要旨集、97.
久保田善二郎・久我万千子・岡政 徹・前田達男(1965):ドジョウの増殖に関する研究-Ⅶ仔魚の放養時期、配合飼料の種類および池の底質が種苗の生産に及ぼす影響について、水産大学校研究報告、14、59-73.
守山 弘(2000):耕地生態系と生物多様性、農山漁村と生物多様性、家の光協会、東京、34-65.
中川昭一郎(2000):圃場整備と生態系保全、農村ビオトープ、信山社サイテック、東京、70-81.
中村智幸・尾田紀夫(2003):栃木県那珂川水系の農業水路における遡上魚類の季節変化、魚類学雑誌、50(1)、25-33.
農林水産省農村振興局(2003):農林水産省と環境省の連携による「田んぼの生き物調査 2002」の結果について(プレスリリース)、農林水産省農村振興局、1-4、2003.
田中道明(1999):水田周辺の水環境の違いがドジョウの分布と生息密度に及ぼす影響、魚類学雑誌、46(2)、75-81.
田中道明(2001):水田とその周辺水域に生息するドジョウ個体群の季節的消長、日本環境動物昆虫学会誌、2、91-101.

総説 REVIEW

生態的環境と生命主体に関する考察
―環境教育の目的と環境復元の目標のために―

谷口　文章
甲南大学文学部　教授 [1]

Fumiaki TANIGUCHI: An Essay on the Relationship of the Ecological Environment and Living Things in Environmental Education and Environmental Restoration

摘要：環境教育の目的と環境復元の目標のために、「生態的環境と生命主体」の関係を明らかにする。環境と生命は自己組織的に構造化する。そして生態的環境と生命主体は循環的因果性によってシステム的に自己を形成し更新していく。両者は一体化しており、そのことは生物が環境に適応するためのアフォーダンスの知覚に現れている。しかし人間という生命主体は、両者を分離して自己中心的な認識の傾向をもつ。それは身体的認識と精神的認識の傾向性から生じるのである。その結果、人間中心の判断と行動を行なって環境問題を引き起こした。その解決に向けて「教育」という視座から環境教育の目的と環境復元の目標を設定するための示唆を提示する。

Abstract: The objective of this paper is to clarify the significance of interaction between the ecological environment and living things in environmental education and environmental restoration. We would like to consider the following themes: environment and living things, environment and human recognition of environment, the goals of environmental education and objectives of environmental restoration.

We will examine I. Prigogine's theory of dissipative structures and J. J. Gibson's concept of affordance to comprehend the mechanism of self-organization in the natural environment and perception of animals and humans, so that we can integrate them with human recognition, which is inclined to be anthropocentric according to the theories of I. Kant and W. James, in order to make causes of environmental destruction clear. Lastly, we will consider the essence of education itself and environmental education, and then propose suggestions for the goals of environmental education and objectives of environmental restoration.

キーワード：生態的環境、自己組織化、アフォーダンス、環境認識、環境教育
Keywords: ecological environment, self-organization, affordance, recognition of environment, environmental education

---

[1] 〒658-8501　神戸市東灘区岡本 8-9-1, Konan University, 8-9-1, Okamoto, Higashinada-ku, Kobe, Hyogo, 658-8501 Japan

谷口　文章

I．はじめに

　環境教育の目的や環境復元の目標を考察するために、「生態的環境と生命主体」の関係を理論的に明らかにする。

　「環境」は、生態系との関わりにおいてどのように定義したらよいのだろうか。環境については種々の考え方・認識の仕方があるため、定義が多種多様で一定していないのが現状である。「身の回りの世界が環境である」という常識的な考え方があるとしても、それを生態系との関わりにおいてどのように把握したらよいであろうか。例えば写真で身の回りの世界を写した場合、それで環境の全体をすべて伝えているといえるだろうか。静止した写真は、環境の一部を表現しているにすぎない。それは静止した物理的空間であって、動きつつある生命の環境とはいえないであろう。なぜなら生態系の「環境」全体も、それを認識する生命という「主体」も常に変化しているからである。

　本稿では生態的環境を理解するために、「環境は主体を取りまき、生命主体が関与する限りの世界である」と、大きく定義しておきたい。その上で、プリゴジン I. Prigogine の散逸構造論による物理・化学的な環境世界の生成メカニズムと、ギブソン J.J. Gibson の生態学的心理学のアフォーダンスの理論を概観して、生態的環境と生命主体の関係を考える。次に、生命主体を人間に限定して考察する。つまり環境に関して、人間の「身体」による認識の傾向性と意識の中心にある「自我」による認識の問題を検討する。なぜなら、人間の身体的傾向性と自我（エゴ）をもった人間の活動がもっとも大きく生態的環境に影響を及ぼし、環境を汚染・破壊してきたからである。

　このような生態的環境と生命主体の関係を踏まえた上で、私たちが努力すべき環境教育の目的と環境復元の目標について述べる。

II．生態的環境と生命主体

1．環境の自己生成と生命の自己組織化

　自然環境が常に変化することによって、生命は生まれ、生長し、種を残し、老化して、死んでいく。まず、変化する動的な「環境の自己生成」について、物理・化学的に述べよう。

　この宇宙は、物理的環境から出発したと考えられるが、それはエントロピー増大の法則(熱力学第二法則)[2]によって動かされている、と仮定される。つまり、物理的な世界としての環境は、エントロピーが増大することによってエネルギーを散逸する方向で変化する。その際、効率よくエネルギーを散逸するために、その不可逆なプロセスにおいて混沌の状態から秩序が、つまり構造や形態ができあがる。これが、プリゴジンの「散逸構造論 dissipative structure」[3]である。例えば、台風が生まれ、生長し、その核に台風の目ができ、暴風となり、最後には消滅する。これは、大きなエネルギーが散逸するプロセスにおいて台風が構造化されることを示している。このようにして、物理的な自然環境は自己生成のプロセスをたどるのである。

　さらに、生命誕生にとって重要な構造化とは、化学反応によって生じるエネルギーや物質の散逸にともなって自己組織化される形態である。例えば、化学反応のプロセスでできる「ベルーソフ・ザボチンスキー反応」の同心円状の構造が有名である。化学反応による「揺らぎ」と「引き込み」による繰り返しのリズムから構造化され、単に物理・化学的な構造化だけでなく、生命の構造化も生じさせるきっかけとなる。

　したがって、生命が生きている生態的環境では、環境世界は絶え間なく変化し流動しているため、さまざまな出来事は、変化しないもの（実体）としてではなく、連続的な推移として、つまり「過程（プロセス）」として把握されねばならない。そのような無秩序へ不可逆に向かうエネルギーが効率よく散逸するプロセスから、生命の構造は自己組織化されて形成されたと考えられるのである。

　こうして、環境の自己生成の過程から生命が自己組織化され誕生することになった。そして、生物は基本的に、誕生－生(成)長－個体維持－増殖－老化－死のプロセスを 40 億年の間、繰り返し続けて進化してきたのである。

　次に、生(成)長し続ける「生命の自己組織化」の特徴はどのようなものであろうか。生命体は一つのシステムとして、変化する自然環境と相互作用しつつ、食物やエネルギーをインプット＝アウトプットする代謝によって維持される。そのように、環境と生命の相互作用によっ

---

[2] エントロピー entropy は、熱力学系における無秩序・混沌の尺度を意味する。エントロピーは普遍に保たれず、それが増大する方向に不可逆に現象が起こる。

[3] Prigogine, I. and Stengers,I., (1984): *Order out of Chaos*, Bantam Books, New York, Doubleday, p.12.（邦訳『混沌からの秩序』みすず書房 p.48）散逸構造とは、エントロピーの増大によって「平衡から遠くはなれた条件下で、無秩序ないし熱的混沌から秩序への転移が起こることがある。……それはある与えられた系とその環境との相互作用を反映した状態である」と考えられている。

て自己組織的に「自己維持」と「自己増殖」をすると同時に、損傷や病気などに対して「自己修復」することが、生命システムの特徴である。他のシステムと比較してみると、コンピューターなどの工学システムでは、人間が情報をインプット＝アウトプットして動くものであり、コンピューター自らが自己維持・修復・増殖することはない。この点が、生命システムと工学システムの違いである。

ところで、生態的環境の世界は、生物・動物・人間などの生命主体と環境とのシステム的な相互作用によって、時間の経過とともに維持される世界である。したがって、生態的環境はナチュラル・ヒストリー（博物誌）を通じて、つまり植物誌 flora や動物誌 fauna などの「生物誌 biota」を通じて、環境と生命の相互作用の歴史として理解される必要がある。この意味で、生態的環境の世界は、連綿と続く生命との歴史であることが分かる。

2.「生態的環境と生命主体」の循環と生物の固有環境

1) 生命活動による「環境と生命」の循環的な連鎖と自己創造

生命主体の活動と生態的環境の場は、循環的な関係にある。生態系（エコシステム）が、システムの一種である以上、生態系の構成員である生物の一つ一つの活動（原因）は環境システム全体に影響を及ぼし、最終的には環境の新たな変化（結果）がそれぞれの生物にもどってくる。すなわち、生態系に働く「自己回帰 self-recurrence」のメカニズムや「自己言及 self-reference」の論理が、そのようなエコシステムを原因－結果の継続する循環的な連鎖で結びつけている。その意味で、ベイトソン G. Bateson が主張するように、生態システムのメカニズムには、科学的な直線的因果性ではなく、システム的な円環的因果性 circular causation が働いていると考えられるのである[4]。

主体的に行動する生物や人間は、生態的環境に働きかけ、生態システムを通して回帰した情報やエネルギーによって自らの行動を再びコントロールしつつ、原因－結果の継続的なプロセスの中で自己の生命を維持・修復・増殖している。それのみならず、生態系という環境自体も生命と動的に融合しているため、生物の活動によって循環的な因果関係の影響を受け、生態システムの歴史（ナチュラル・ヒストリー）をつくり、新たな環境を自己創造し更新していく。

2) 生態的環境における生物の固有環境と生物の多様性

常に変化し続ける生態的環境は、要素に分析して還元する物理・化学のような一つの次元の認識だけによっては把握できない。なぜなら、生きている生物は観察するために固定すると死んだものとなり、生態的環境から切り離すと本来の行動や反応を示さなくなることがあるからである。例えば、ある生物を生態系から隔離して実験すると「実験神経症」となり、通常とは反対の行動反応を示すことがあるのはよく知られている。したがって、生態的環境の次元では、生態システムのなかにおける生命の活動を通じて、生物と環境が相互に限定し依存する関係、その生物に応じた「固有環境」（ユクスキュル J. von Uexküll）が相互限定的に成立する関係から、環境世界の全体像を捉えなければならないであろう。

次に、固有環境からどのように生物が多様化するかについて述べる。生物が環境に対する適応行動をとる度に、種に応じた固有な生態的環境が成立するのだが、生命主体は、環境の特殊で多様な条件によって多様な生物となる。例えば、同じ川という環境であっても、水の溜まりにフナが棲み、その周縁にはオイカワが生息し、流れが急で澄んだ川の中ごろにはアユが棲んでいるというように、特殊な条件の環境に応じて多様な生物が棲み分けをしている。

こうして環境の特殊性や変化に応じて「生物が多様化」して、その性質や行動パターンが多様に形成され、環境と生物は融合して一つの「生態的環境における生物の固有環境」をつくり出しているのである。

したがって、このような環境と主体との関係を把握するためには、両者の融合した全体の生態的環境とその中に成立する特殊な固有環境を同時に把握することが大切である。

3. 生態的環境の階層性・構成単位・構成要素とアフォーダンスの概念

生態的環境を扱うためには、生態学的心理学 ecological psychology の考え方が参考になる[5]。それはギ

---

[4] Bateson, G., (2002): *Mind and Nature*, Hampton Press, Inc. New Jersey, p.56, p.96.（邦訳『精神と自然』新思索社、p.79, p.141）。なお、ジェームズ W. James も「推移的因果関係 transitive causation」（*Some Problems of Philosophy ; William James* (Writings 1902-1910), Library Classics of the US, New York, 1987, p.1093）と述べ、近代科学の直線的な原因－結果の因果律ではなく、推移する連続的な因果の連鎖が「知覚の流れ」において働いていると考えている。

[5] Cf. Gibson, J. J., (1950): *The Perception of the Visual World*, The Riverside Press, Cambridge. Cf. Gibson, J. J.,

ブソンの提唱する知覚心理学で、生態的環境と生命主体との関係をアフォーダンスの概念によって明らかにする。

1）生態的環境の構成単位と階層性

この世界に存在するものには、ミクロからマクロのレベルまで多様な階層があり、その各々が空間的・時間的にそれぞれの構成単位の構造をもっている。

「物理的実在は原子から銀河系にいたるまですべてのレベルで構造をもっている。地球上の大きさの中間の範囲で、動物や人間の環境もそれぞれ様々な規模のレベルで構造化されている」[6]。

例えば、天文学的世界では億光年の単位で銀河系や太陽系が、地球の環境をつくっている地上ではkmの単位で山、丘、湖、河、川などが、より身近な空間ではmの単位で岩、池、木などが、虫などの小さな生物の視野ではcmやmmの単位で小石、土壌、木の葉、草などが、それぞれのレベルで空間的に構造化されて存在する。

逆に述べると、微生物のミクロ圏は、より大きな虫や小動物などの生物圏に組み込まれ、またそれはより大きな哺乳動物などの動物圏に組み込まれ、さらにそれは人間の生活圏に組み込まれ、そしてそれは国々が分布する大陸に組み込まれて、地球自体が一つの大きなシステムである生態的環境となっている。すなわち、生態的環境のすべての構成要素は「入れ子状 nesting」になって多元的な階層を形成しているのである。

こうした生態的環境の階層性とは、秩序的な上下関係ではなく、地球という一つのシステムにおける全体と部分の包含関係であり、その階層は、原子・分子―生態的物質―地球―惑星―銀河系―宇宙などの多元的レベルである。そして、生物や人間は、中間の規模の環境世界において生活を営んでいるのである。

このような生態的環境に関する空間の構成単位の考え方は、時間の構成単位にもあてはまる。宇宙レベルでの諸過程における持続時間は数百万年の単位で測られ、原子のレベルでは1秒の数百万分の1で測られる。しかし生態的環境における生物などの生長や行動のプロセスの時間は数年から数秒までの間で測られる。動物の寿命はそれぞれ違ってもこの範囲に入る。動物には時計で測った過去や未来という物理的時間はなく常に持続する時間の中に存在し、彼らはプロセス、変化、継起などのみを知覚しているのである。

こうして地球上の生物が棲む生態的環境では、変化のプロセスは中間の時間規模で推移する。そして空間と同様に、時間の小さな単位はより大きな単位に組み込まれ「入れ子状」の階層性をもつのである。

2）生態的環境の構成要素

それでは生態的環境は、具体的にどのような構成要素からできているのであろうか。ギブソンにしたがうと、生態的環境は、「媒介物質」、「生態的物質」、両者を分かつ「面」からできているとされる。

まず「媒介物質 medium」とは、水や空気などのように、生物の移動、光・音・匂いの伝達・呼吸を可能にし、重力による上下の極性をもつものである。次に「生態的物質 substances」とは、岩、土、木、鉱物、金属などからできた物質であり、媒介物質より硬く、持続性と耐久性があり、生物の透過を容易に許さないものである。さらに「面 surfaces」は、地面や水面また遮蔽面などであり、環境の地形的な空間を形成する。面は、滑らかさ、ざらつき、砂状などの性質をもち、変形や崩壊に対してある程度の耐久力をもつ。地面や水面のような面は、動物が活動する場である。またそれは、一定の配置を有し、その配置は持続する傾向がある。

このように、媒介物質、生態的物質、面は、生物（ギブソンは主として動物・人間を対象としている）にとって実感して生活を営む場であり、生態的環境を構成する。つまり生態的環境は、生物にとって具体的生活の場であり、kmからmぐらいの規模と考えられる。マクロすぎる天文学的レベルや、ミクロすぎる原子・分子のレベルは、生物にとっては生態的環境とはならないのである。

こうして生物にとって、種に応じた等身大の空間・時間及び構成物質が実在の生態的環境の世界であるといえよう。

3）生態的環境と「アフォーダンス」の概念

「アフォーダンス affordance」は、ギブソンの造語で、「アフォード afford」（提供する、用意する、供給する）という語からつくられた。それは、環境と動物との関連において規定され、両者の相補性のことをいい、動物にとっての「環境の価値や意味」のことである。そして、動物はアフォーダンスを直接に知覚できると考える。「環境のアフォーダンスとは、環境が動物に提供する offer もの、よいものであれ悪いもの good or ill であれ、用意

(1986): *The Ecological Approach to Visual Perception*, Lawrence Erlbaum Associates, Publishers, Hillsdale, NJ. (邦訳『生態学的視覚論』, サイエンス社, 参照) 河野哲也, (2003):『エコロジカルな心の哲学―ギブソンの実在論から』, (剄草書房), 参照. 佐々木正人, (2000):『知覚はおわらない―アフォーダンスへの招待―』, (青土社), 参照.

[6] Gibson, J. J., (1986): *Ibid.*, p.8. (邦訳, p.9)

したり備えたりする provide or furnish ものである」[7]。つまり、アフォーダンスとは、生態的環境に生きる動物にとっての価値と反価値、有益と有害、安全と危険など、生存するための価値と意味づけを表現している言葉である。そして、アフォーダンスの知覚とは「価値に満ちている value-rich 生態的対象を知覚するプロセス」であり[8]、さらに生態的環境から得る情報を特定できるように知覚系を環境に最適化させていく行為である。

アフォーダンスの具体的な例を挙げる。知覚された固い水平面は、動物にとって歩行や走行をアフォードするが、固い垂直面は衝突をアフォードする。同じ水面でも、それは水鳥にとって泳ぐことをアフォードする(価値)が、アリにとって溺れることをアフォードする(反価値)。ある毒の木の葉は、ある昆虫にとって食物をアフォードする(有益)が、他の動物にとって毒物をアフォードする(有害)。

したがって、生態的環境は、価値観が入らないような物理的な空間ではない。このように生態的環境が生物に対してアフォードするものは、環境の中に生物が生存するための「価値」や「意味」であるのである。

さらにアフォーダンスは、生物個体に適したもの、複数の個体に適したもの、複数の種に適したもの、動物全体に適したものがそれぞれ存在する。それらのアフォーダンスは、生物が必要とする環境の構成要素の一部として重なり合い、入れ子状になりながら、階層的な生態的環境の世界をつくりあげている。

こうして、生態的環境と生命主体を考える場合、一方で自己組織化の考え方が「環境と生命」の自己生成を理解するために示唆するところが多かったが、他方でアフォーダンス論も生態的環境と生物が融合した相互作用や具体的な環境の一元的把握に寄与することが多いと考えられる。

Ⅲ. 環境と人間の認識

生態的環境は、生命主体にとって具体的に感じることができる実在の世界である。生命主体としての生物は、生命を維持するために身体移動をすることが特徴的である。この場合、生命を乗せている「身体」は環境のアフォーダンス(環境の価値・反価値)の知覚によって行動しつつ、環境と主体が一体化して相互作用しながら一つの固有環境をつくっている。このようなアフォーダンスの考え方は、生態的環境における動物などの生物の適応行動や人間の身体的活動を説明するのには、

---

[7] Gibson, J. J. (1986): *Ibid.*, p.127.(邦訳, p.137)
[8] Gibson, J. J. (1986): *Ibid.*, p.140.(邦訳, p.153)

きわめて妥当する理論である。そして、環境と主体を分離して対立させる二元論のアポリアに陥らずに済むことがメリットである。

アフォーダンスに基づく行為論の考え方の延長線上に、人間の認識に関して、外部感覚を主とする身体的カテゴリーをまず検討しよう。人間の知覚認識の形式である身体的カテゴリーは、カントの認識哲学からすると「感性の直観形式」の純粋直観におおむね相当する。

ここでは、カントの感性論における空間・時間の直観形式を敷衍して、感覚的直観を行なう身体的カテゴリーから考察する。その後、「概念と知覚」の関係を自我による認識から論じることにする。

1. 環境世界を認識するための身体的カテゴリー

身体の感性的な側面についての身体的カテゴリーとして、次のような空間・時間の形式を考える。外部感覚に関する空間形式については、「前後」「左右」「上下」「内外」「ここ」などに分ける。さらに内部感覚に関する時間形式については、「前後」「内外」「今」「過去-現在-未来」などとする。

1) 身体を中心として放射線状に広がる遠近法的な「生態的環境の地平」
　a.「前後」「左右」「上下」「内外」という身体的カテゴリーによる環境世界の成立

身体は、生態的環境における具体的な実在の根拠である。その意味で、身体は環境世界の中心に位置して、生態的環境に適応している。

この「中心」は、身体を視座とする遠近法の広がりとして放射線状に広がる観察点である(図1-①)と同時に、「前後」、「左右」、「上下」、「内外」という空間形式の身体的カテゴリー(図1-②)の原点となっている。

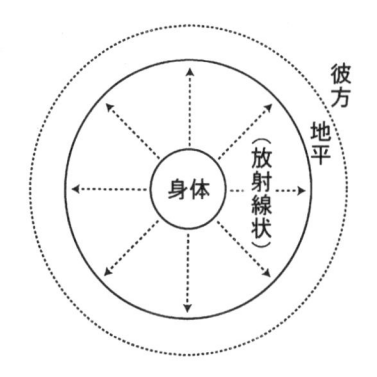

「観察点」としての身体からの放射線状の地平

図1-①

身体は、「前後」の場合、空間を区切る前後のみならず、時間的にも過去と未来を区切る中心である。また、現在生きている身体は、遺伝子によってつながる過去の世代の身体と未来の世代の身体との中間に存在するという、「世代間」の中心である。さらに身体は、「左右」については、平面空間の横軸の中心であり、「上下」では、立体空間の縦軸の中心でもある。さらに、身体の皮膚でもって「内外」を区切っている。それは、身体の「内の環境」(内部感覚)と「外の環境」(外部感覚)を区別するとともに結びつける中心でもある。そのような身体的カテゴリーを形成する原点が、自己の身体が置かれている人間の実在する場である。

　このように、身体は四つの身体的カテゴリーの中心であるが、決して定点としての一点ではない。身体移動とともに、この生態的環境の世界において多数中心を形成するような中心であり、遠近法的な広がりとその重なりをもった、「生態的環境の地平」が現れる中心でもある。

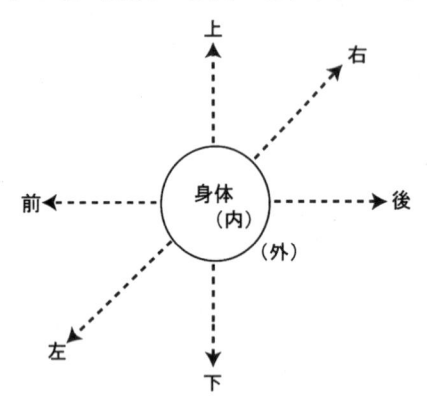

身体的カテゴリー:「前後」「左右」「上下」「内外」
図1－②

b. 移動する観察点と「面」の形成

　地平の中心にある観察点は、固定したものではなく、身体活動によって点と点を結ぶ「線」をつくり地平を広げる。そして、もしある時間をかけて身体Xがa点からb点へ移動するなら、a点とb点を結ぶ「線」の距離を移動することになる(図2－①)。ここで線の「長さ」に時間の要因が含まれていることに注意したい。さらに、ある時間を経て、a→b→c 地点を時間とともに移動するなら、三点を結んで「平面」ができあがる(図2－②)。ここに平面空間の環境ができる。

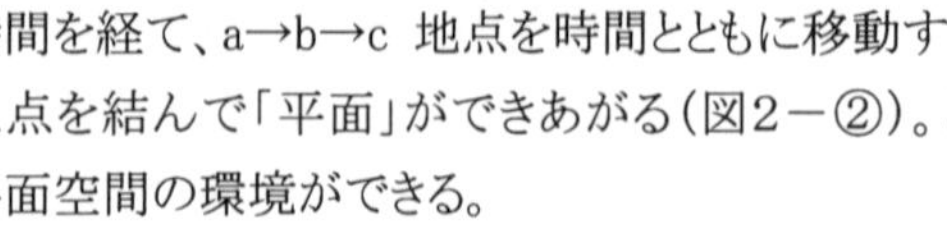

a点からb点への身体移動
図2－①

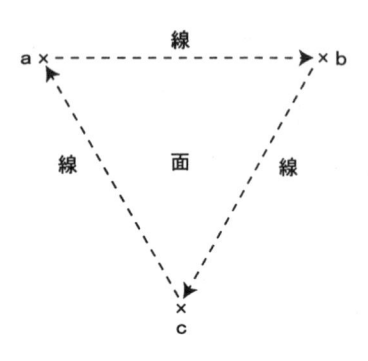

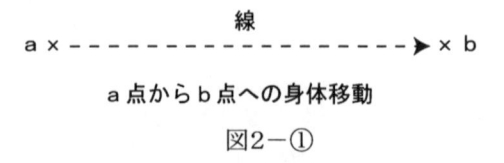

平面空間:「点」→「線」→「面」
図2－②

　このようにして身体の移動によって、放射線状の地平の広がりは地平線によって仕切られて「面」となるとともに「点」という身体活動の舞台となるのである。このような考え方は、アフォーダンス論における「面」の考え方に通じるものがあるであろう。

2) 身体的カテゴリーから生じる傾向性

　人間が身体をもつ生命存在である限り、動物的本能による直感や反射行動以外にも、身体的カテゴリーから生じる直観的・感性的な傾向性 disposition をもつ。

　「前後」について述べると、まず空間的に「前」は、自然の状態のとき目の前に現れるものを認識している。これに対して「後」は、特別に大きな音や刺激がある場合を除いて日常的には気にしない。したがって「後」よりも「前」の認識が重視される傾向がある。

　この「前後」には、時間についても妥当する。つまり「前」の時間は未来、「後」の時間は過去という前後がある。例えば、神経症的な状態では過去の「後」の時間にこだわり続けるかもしれないが、健康な状態では現在から「前」の未来を人間は見つめて生きている。したがって時間軸上では、済んでしまった過去よりも希望を求める未来に重点が置かれる傾向がある。

　また、環境や生命の自己組織化に関しては、エントロピーが過去の「後」ではなく未来の「前」に向かって増大するのも、前後は均等ではなく、一つの不可逆な方向性をもつ。

　次に「左右」では、人間の場合、「右利き」の人が多く「左利き」は少ない。その意味では「右」の方が「左」よりも無意識的に優先される傾向がある。例えば、ボールを投げることや、箸をもったり字を書くのは右手である。またアナログ時計やネジの締めつけは右回りである。

　ところで「左右」を「東西」に置き換えて、生態的環境の立場から考えると、東は日の出、西は日没という方向性があることに気づく。すべての生命は、東から西へ動

く太陽のリズムに影響されているのである。

また「上下」においては、人間は「上」にいる方を「下」にいるより好むことはいうまでもない。身体的認識の視線は、基本的に「前」を、そして少し「上」を向いているときが一番生き生きした姿勢であろう。したがって人間の傾向性として「下」より「上」を重視する。

この「上下」は、生態的環境の見方からすると、重力のために「気圧」や「水圧」が働き上下に極性が生じ、均等ではないことに気づく。生物の歩行や走行は、このような極性にしたがっているのである。

さらに「内外」に関していえば、普通は意識的に「外」の世界で活動しているが、何か反省があると「内」の世界を見つめることになる。この「内」の世界は精神性や無意識の世界も含み、自己の「内」の世界が重んじられることも多い。例えば、カントの認識論は身体の内部感覚の核としての理性能力や精神の役割を重視して論じたものである。

以上のような外部感覚に主として関係する身体的カテゴリーの傾向性によって、人間の行為や認識は、たとえ「共に」生活しよう、共生しようと努力する場合にも、「前」「上」「右」「内」などを優先する偏りが生じやすい。すなわち、人間自身を他の生命主体よりも優先したいという「内」面の気持ちから、自己を「前」と「右」の位置、そして「上」に置いてものごとを認識する傾向がある。これが本能的生命力に根づいた「人間中心主義 anthropocentrism」による無意識的な環境認識である。

人間の身体認識や感性的知覚がこのような傾向性をもち、さらにそれが強化されるのは、人間の自己意識の中心にある「自我(エゴ)」の確立によってである。いうまでもなく、人間は環境教育などによって、自覚的にエゴに偏りがちなこと(エゴイズム)を乗り越える努力が必要である。

3) 身体が置かれている「今、ここ」という固有環境の
 カテゴリーと「共に」という共生環境が成立する場

次に、移動する観察点は面を形成するのではあるが、「今、ここ」という固有環境のカテゴリーについて述べる。

身体が環境世界の中心に位置し、そこから放射線状の地平が広がっていることが分かったが、身体は人間の「今、ここ」という時間と空間の形式において「人間の固有環境」を構成している。そして一つの主体は他の主体とそれぞれの地平を共有して共生環境を成立させ、「共に」生活しているのである。

　a.「今」という時間

生命主体の時間は、持続的な「今」という時間の場においで成立している。常識的には、今というと、過去からつながり未来へと移り行く直線的な流れにおける、現在の時間のみを表わしていると考えられている。つまり、過去－現在－未来の直線的な時間が最初からあると考えられている(図3－①)。しかしそれは時計で計った均質均等な物理的時間であって、生物や人間が生態的環境において具体的に生きる時間ではない。

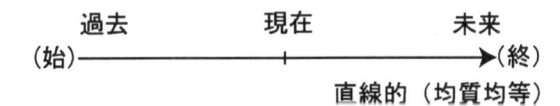

```
過去           現在            未来
(始)━━━━━━━━━━┿━━━━━━━━━━▶(終)
                         直線的（均質均等）
```

物理・時計的時間：社会的・制度的
図3－①

例えば、物理的に計った60分はどれをとっても同じ長さの60分である。しかし人間の場合、「心理状況」に応じて60分の長さは異なる。つまり、好きな英語の時間の60分と嫌いな数学の60分との、どちらが長いかといえば、いうまでもなく好きな英語に比べて嫌いな数学はずっと長く感じられるものである。さらに少し考えてみると、私たちはかつて過去に取り残されたこともなく、また未来に足を踏み込んだこともない。すなわち、私たちは「永遠の今」に生きているのである(図3－②)。このような濃淡のある心理的・生命的時間と均質均等の時計的・物理的時間の二つの概念を重ね合わさなければ、人間にとっての具体的な生きられる時間、つまり"人間"の生態的環境の時間は出てこないであろう(図3－③)。なぜなら人間は直線的で社会体制に組み込まれた外界の時計の時間と、円環的で本能に組み込まれた内界の生命の時間とが交差した「現在」に生きているのからである。

ところで、空間と同様に、遠近法的な感じ方が時間の性質にもある。時間における遠近法的性質は、最近、起こった事や起こる事は「大きく」感じられ、遠い過去や未来の事は「小さく」感じられることにも注意しておきたい。

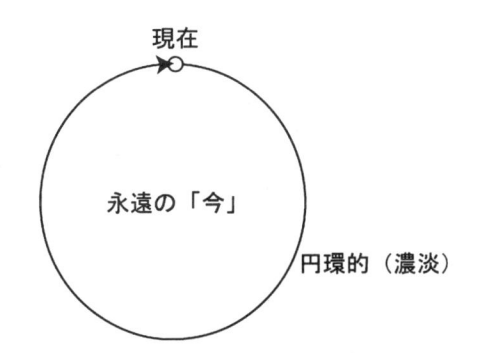

```
                現在
                 ●
            ╱       ╲
          │  永遠の「今」  │
           ╲          ╱
              ╲____╱
                     円環的（濃淡）
```

生命・心的時間：本能的・心理的
図3－②

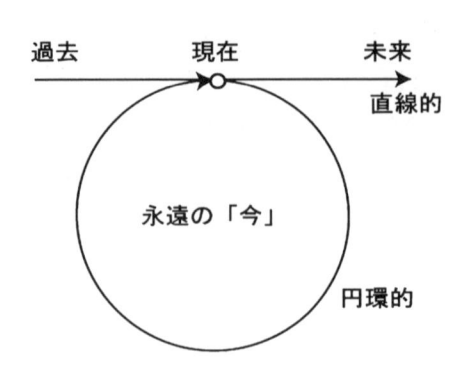

人間の生態的環境における時間
図3－③

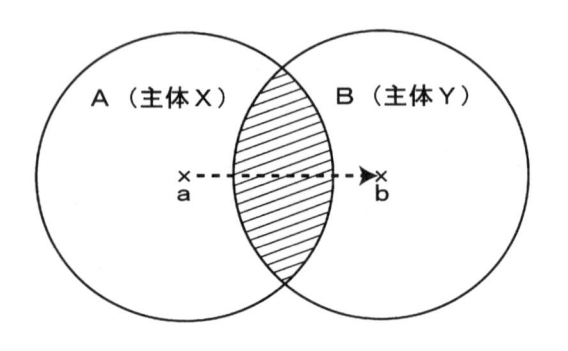

二者関係の共生空間
図4－①

この場合、a 点を中心とした円 A と b 点を中心とした円 B は近ければ部分的に重なることになる。これは、時間の経過とともに身体が移動して重なり合う空間である。もし主体 X が円 A の地平を有し、主体 Y が円 B の地平を有しているならば、それは二者関係の「共生空間」となる。

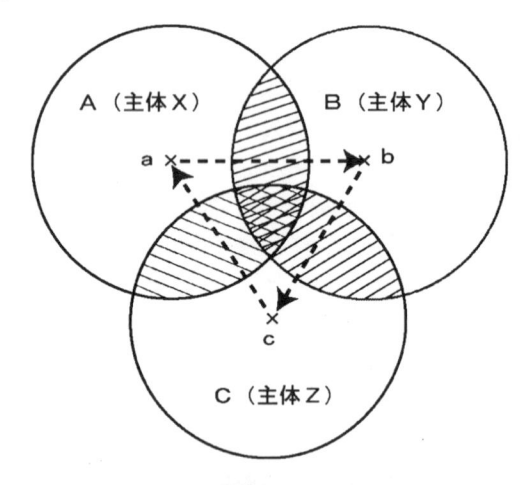

b．「ここ」という空間

人間を含んだ生命主体の空間は、身体を有するため立体空間を移動することができる。しかし、その空間は「ここ」という場に限定されている。「ここ」は、二つの時間概念と同様に、二つの空間概念をもつ。一つ目の「ここ」の概念は、物理的で無機的な空間であり、入れ換えや実験など繰り返しがきく均質均等の空間である。このような物理学上の理想的な空間は「真空の状態」であり、いうまでもなく生態的環境ではなく、生命は棲むことができない。もう一つの「ここ」は、生態的環境が成立する場であり生命としての身体が唯一立脚して実在する中心点である。これは遠近法的視野が展開する観察点でもある。ただし、このような「ここ」は、時間の「永遠の今」のように脱出できないような絶対性をもつのではなく、身体移動によって相対化される性質をもつ。つまり、かつての「ここ」は身体移動によって「そこ」になるのであり、かつての「そこ」が「ここ」となるように、「ここ」の概念は相対化される性質をもつのである。

以上のような永遠の「今」という内的時間と身体の立脚点である「ここ」という外的空間に、人間も含めてそれぞれの生命主体の固有環境が成立し、生態的環境が展開する。

c．「共に」という共生環境－地平の重なりから生態的環境へ－

「今」の時間と「ここ」の空間を組み合わせて考えると、それぞれの生命主体の固有環境の重なりにおいて次のような「共に」という共生できる環境が生じるであろう。主体 X が時間の経過とともに a 点から b 点へ移動する場合は、a 点を中心とした円 A の面が地平を伴って b 点に至り、b 点において円 B の面を有することになる（図4－①）。

三者関係の共生環境
図4－②

さらに時間が経過して主体 X が c 地点に移るとするなら円 C ができ、a－b－c の地点を結ぶことにより三角形の平面が成立する。もし、A、B、C の円が近ければ、それぞれの円の一部が重なり合う空間ができる。もし主体 X が円 A、主体 Y が円 B、主体 Z が円 C の地平をもつなら、それは三者関係の「共生環境」となる（図4－②）。これが「私（一人称）」と「あなた（二人称）」と「彼（三人称）」（生命主体 X と Y と Z）とが共生する場である。

このような主体が三者関係以上に広がると「生態的環境」の世界となる。そのような生態的環境は、環境学的にいえば、例えば「生物の棲み分けと共生」や「共有地」さらに「共有財」の考え方となろう。

2. 生物的・社会的・精神的自我と環境の認識

人間は生態的環境において身体をもつ感性的存在ではあるが、単なる生物とはちがって「自己意識」を有する。

前節では身体的カテゴリーから、身体による直観的・感性的認識の形式とその傾向性を述べてきたが、人間がもつ自己意識による環境認識も明らかにする必要がある。なぜなら、人間は環境の世界にあるものを「感じる」（感性論）とともに、それについて「考える」（概念論）ことによって認識しているからである。すなわち、身体的カテゴリーのうちの「内外」は、身体を介して外部感覚と内部感覚を分けることによって、前者において外の空間形式が、後者において内の時間形式が成立することになる。

ここでは、内部感覚における自己意識による認識の手続きを見ることにする。そして自己意識を、生物的自我、社会的自我、精神的自我に分けて、それぞれの環境認識を検討する。

1) 生物的自我の認識－人間のアフォーダンス－

生物的存在としての「自己」は、他の動物と同様に、生物的自我によるアフォーダンス的知覚を行なっている。それは、ただ単に本能的なアフォーダンスの知覚というより、人間独自の身体的カテゴリーにしたがった感性的知覚を行なっているという方が正確であろう。そのようにして与えられた外界の情報は、知覚されると同時に何らかの体験的な操作が加えられて、間接的な情報に変形される。つまり、内部に取り込まれた感覚印象は、身体的カテゴリーなどをベースにして、生物的自我による本能的な生命・習慣的操作が加えられ変形するのである。

すなわち、身体的カテゴリーによる認識の場合、混沌とした状態として映る生態的環境を、外部感覚が依存する「前後」「上下」「左右」「内外」「ここ」のカテゴリーによって、アフォーダンスを求める知覚的世界として空間的に区切り、人間独自の環境世界をつくり出す。つまり、混沌とした無限の空間を「前後」「左右」「上下」「内外」「ここ」という身体的カテゴリーによって区切り、人間の生活の世界という環境を無意識的・習慣的につくり出すのである。

本来、この世界は無限の空間と無及の時間の中に置かれて展開しているのであるが、人間は、生物的自我によって身体的カテゴリーを通して得た環境認識の情報によって、人間独自の固有環境をつくっているのである。

また、自己意識が目覚めた生物的自我は、内部感覚の時間形式のひとつである「過去－現在－未来」というカテゴリーによって、もう一つの時間形式である生命的な「永遠の今」の時間を区切り、抽象的な時計の時間も生み出す。こうして生物学的な自我から社会的自我へと移行していくのである。

2) 社会的自我の認識－人間の「社会」生態的環境－

生物にとっては自然環境がそのまま生態的環境であったが、人間にとっては、人工的なもの、文化的なものも生態的環境である。社会的存在としての自己は「社会的動物」（アリストテレス Aristotelēs）といわれるが、その意味で人間は社会的自我によって「社会」生態的環境に適応している。

こうして社会における"人間の生態的環境"では、人間は社会や文化に対する適応が大切で、社会秩序を守ることと文化の継承が、主たる教育の課題となる。

デューイ J. Dewey も述べるように、「生命＝生活 life」とは、環境への働きかけを通して、自己を更進していくプロセスなのであり、「生命（生活）の継続とは、生活組織の必要に環境を絶えず再適合させていくプロセス」[9]を意味する。したがって、「最も広い意味での教育は、生活が……社会的に継続するための手段なのである」[10]。

こうして人間と社会生活を絶えず最適合化するプロセスを維持しようとする社会的自我は、身体的カテゴリーによる生物的自我の感性的な認識を通じて得た情報を、教育や生活体験によって得た知的操作によって、言葉による概念化、言語化、論理化して、社会的にそして文化的に適合するように整理し秩序化する。このような認識は、人間の特有の身体的カテゴリーから生じた傾向性を維持しつつ、個人の考え方をある意味で超えており、社会的・集団的・文化的な普遍性をもつ。教育、文化、環境、歴史、宗教、情操などの価値観によって、人々は意識的・無意識的に影響され、その社会や集団という人間独自の「社会」生態的環境に適応する。ここには、社会的自我の認識による社会的な概念化が行なわれている。

このような社会生活への適応の意識には、本来の生物としての人間存在を忘れさせ、自然の生態的環境から独立して生きられる、という幻想が生じる傾向がある。

---

[9] Dewey, J. (1944): *Democracy and Education; An Introduction to the Philosophy of Education*, The Free Press, New York, p.2.（邦訳『民主主義と教育』，岩波文庫, p.12）。life という言葉には、生命、生活、人生の意味が含まれている。デューイの life は、ここでは、生活を意味しているが、さらにすべての意味を含めて、生命、生活、人生はそれぞれのレベルで環境との相互関係によって成立していることが分かる。また「継続」「プロセス」「更新」「適合」などの言葉は自己組織化論とアフォーダンス論に対応していることに注目されたい。

[10] Dewey, J. (1944): *Ibid.*（邦訳 p.13）

3）精神的自我の認識－概念論と知覚論－

カント I. Kant は、ものごとの認識は、「感じる」働きをする外部感覚による経験を獲得して（先験的感性論）、それを内部感覚の「考える」働きをする理論理性（悟性）のカテゴリーによって秩序だてる（概念の分析論）ことから成立すると考えた[11]。そこで、ここでは内部感覚の中核をなす精神的理性の「概念の分析論」の基本構図をまず検討する。その後、概念と知覚の調和的関係を論じたジェームズ W. James の考えを検討する。

人間は、認識の悟性（理論理性）的カテゴリーを使用する前に、既に見たように外部感覚によって得た感性的経験の内容を時間・空間の形式にしたがって整理する。時間は諸事物を過去－現在－未来と配列する感性形式であり、空間は感覚印象の情報を「上下」「左右」「前後」「内外」などと並列的に配列する感性形式である。このようにして得た経験的内容を、次に悟性の量・質・関係・様相の先験的カテゴリーにしたがって概念化して判断し、推論することによって、普遍的な認識が成り立つ、と考える。

しかしながら、そのような理性的認識は、生態的環境に存在する動き変化しつつある実在物を固定化することになる。なぜならば、一つの環境世界を、量・質・関係・様相に整理する悟性のカテゴリーによって個別化して個々に概念化し、それらの概念を判断して論理的に全体を推論する理性的操作によって構成するからである。

そして、このような理性的認識では現実の動きつつある世界は抽象化され、認識する人間も日常の経験から超越した存在になる。つまり、認識の知覚と概念による二重の把握は外界と内界の分離につながり、環境と主体の対立した二元論となる傾向がある。

「概念化」は、カントの観念論的な認識哲学に代表されるような二元論的考え方もあるが、ここではギブソンの生態学的心理学にも影響を与えたジェームズ W. James の経験論にしたがって「概念と知覚の調和」した関係を見よう。

ジェームズによると、概念とは実在するものを直接知覚した内容の断片から蒸留してつくられたものである。概念の機能は、その概念を得る前よりも、より環境に適合する能力をつけて、精神を知覚の世界に連れ戻し、再び現実に合流することにある。そして概念には、言葉とイメージという「内容」と、手段という「機能」があると考える。

要するに、人間は概念を用いて知覚の事実を理解するのであって、経験的な世界における「連続する知覚の内容」の把握と精神的な世界における「不連続の概念」の形成は相互に浸透し融合しており、人間の認識を充実させ豊富にさせる。「いずれも一方だけでは実在の全貌を知ることはできない。両方が必要だ。歩くのに両足が必要なように」[12]。

こうしてジェームズのプラグマティズムの考えからこの世界に実在するものについての「直接の知覚の流れ perceptual flow を、概念と概念相互の関係、つまり完全な概念秩序に置き換えることによって、私たちの精神のパノラマは非常に拡大される」[13]とされ、最高の真理とは人間を導く上でもっともよく機能するもの、生活のどの部分に適合しても、経験の諸要求をどれ一つ残さずその全体と結びつけるものと考える。

しかし、このような概念と知覚の調和を主張したジェームズの経験論であっても、精神的自我による概念操作は、現実の環境世界の一部を切り取り、その残りの大部分を捨象し、概念となり得る経験内容のみについて意味・関係づけして真理を求めるため、人間の精神が優位にあるという考えに傾かざるを得ないのである。

したがって、人間は、現実の環境を知るために概念に重きを置くのではなく、常に実在の世界に生きることが大切であって、生態的環境から人間は遊離してはいけないのである。人間にとって社会生活をするために概念使用は必要であるとはいえ、社会的・精神的自我の認識が加わるときには、どうしても環境から距離を置き、動きつつある連続した実在や対象また出来事を固定化して把握することは避けられないこと、そして同時に環境と主体は常に一体化して現実に戻り、一元的に把握すべきであることを、いつも自覚しておく必要がある。

今まで自己意識について述べてきたが、それはもっと深い意味で無意識界にも根づいていることに注意を払おう。つまり人間は身体的、生物的自我意識の傾向性のみならず、さらに無意識的な傾向性をもつ。ヘッケル E. H. Haeckel が述べたように、発生学的に「個体発生は系統発生を繰り返す」とするなら、人間の意識の発達は、生命の誕生とともに展開してきたと考えられるが、他方、発現していない本能的な無意識の歴史も背後に

---

[11] Vgl. Kant, I., (1968): *Kritik der reinen Vernunft*, Subrkamp, Frankfurt.「純粋 rein」や「先験的（超越論的）transzendental」の言葉に代表されるように、カントは経験を含まない人間の先天的な理性能力の範囲を吟味したが、本稿では「純粋直観の形式」を広げ空間・時間を具体的なものとして論を展開している。さらにギブソン（環境と主体の一元論）－カント（感性と概念の二元論）－ジェームズ（知覚と概念の調和）の思想的流れとともに、生態的環境と生命主体の関係を論じるため、理性能力や「先天的」についての吟味に力点を置かず、観念的認識論の基本構図を例示するにとどめる。

[12] James, W. (1987): *Ibid.*, p.1010.
[13] James, W. (1987): *Ibid.*, p.1015.

刻まれているとも考えられる。さらにこのような無意識の内面の世界には、フロイト S. Freud が述べるように、情動とともに個人の経験が蓄積され、精神的な認識や判断にも影響を及ぼすことも考慮される必要がある。

このように考えるなら、三重の自我による自己意識は、外部の生態的環境に適応しようとするアフォーダンスの知覚の機能として働いているだけでなく、内部感覚の核である精神的理性（認識主観）にも関係しているが、それに加えて無意識界に対しても深く根ざして影響を受けているのが分かる。例えば、自己意識は外部知覚と内部知覚の平衡がとれなくなると、無意識的な情動があふれ出て精神的な病いや自我の偏りが生じることになるように。

ところで無意識界の本能的情動面は、「自我（エゴ）」と結合するなら、外の世界において自己中心的な強い傾向性が現れることがある。このような自己意識の中心に位置する自我が「エゴの病い（エゴイズム）」にかかると、環境を認識し行動する際、放射線状の地平のような自己中心的なバイアスを与えることを私たちは自覚しておかなければならないのである。

Ⅳ. 環境教育の目的と環境復元の目標

環境と主体との相互関係において、その関係のうち一方が過剰にならない限り、生態的環境において循環的因果関係が働き、「健康 health」にそして「健全 sound」に保たれる。それは、土地倫理を提唱したレオポルド A. Leopold が「土地の健康 land health」[14]の大切さを強調している通りである。

しかし生態的環境が汚染されたり破壊されたりすると、地球環境は健康でなくなり病むことになる。明らかに現代の地球環境問題は、生態的環境のシステムの自己維持・修復・増殖の回復力の許容範囲を超える、人間の自己本位な活動から生じた問題である。その原因は、現実の世界から遊離しがちな人間の環境認識と行動の偏りとともに、「自我の病い（エゴイズム）」によって引き起こされたといえよう。

1. 教育環境と環境教育の目的

1）教育環境の本質

環境を復元するための環境教育とは、どのようなものであろうか。

まず、デューイの教育哲学から、「教育環境の本質」と「教育」の関係を概観する。「共同社会 community すなわち社会集団（「社会」生態的環境）が、絶え間ない自己更新を通して自己を維持するということ、そしてこの自己更新は、その集団の未成熟な成員が教育を通して成長することによって行なわれる」（括弧内は筆者）[15]。それに対して教育は、「育み fostering」「養い nurturing」「培い cultivating」するプロセス（過程）であるとされる。そして教育のプロセスの成果を考えるときには、子どもが社会活動に適応できるように、生活の行動を「躾け shaping」「形成し forming」「陶冶する molding」ことを目指すことはいうまでもない。

ところで、「環境 environment」や「生活環境 medium」という語は、デューイによると、主体をとりまく"周囲の事物以上のもの"を意味している。それらの語は、周囲の事物とその人独自の活動の相互が動的な関係において成長することを意味している。そして「人の方もそれとともに変わって行くようなものこそ、その人の本当の環境なのである」[16]、とデューイは述べる。

こうした「教育環境」の本質は、子どもという主体の成長プロセスに対応して、その環境も自己更新しながら継続すること、そして環境と主体は成長と自己更新に向かって循環的な動的関係を保つことにある。この点は、生態的環境と生命主体の論理と同じである。したがって、社会的な生態的環境が継続するために、子どもたちに社会や文化に適合する教育を与えること、また社会的環境の生活が未成熟な社会の構成員（子ども）を養育することに教育環境の本質があるのが理解できる。

以上のように教育環境の本質と教育との関係を理解した上で、環境教育について考察しよう。

2）環境教育の目的

環境教育の目的は、通常考えられているような、短絡的に環境問題を解決するための教育ではない。環境教育は、まず「教育」として自ら成長し主体的な行動ができる心豊かな子どもを育てることから始まる。この考えは「生きる力」と問題解決能力を育み、養い、培う教育ということに通じる。そして次に、環境復元のための教育が必要となる。

まず第一に、環境教育の「体験教育」として、子どもや若者が、自然における体験学習の中で「原体験」をすることで、ダイナミックに成長し続ける生命を実感することを身につける必要がある。この意味で、環境教育は、

---

[14] Cf. Leopold, A., (1999): *For the Health of the Land,* Island Press.

[15] Dewey, (1944): *Ibid.*, P.10.（邦訳, p.25）

[16] Dewey, (1944): *Ibid.*, P.11.（邦訳, p.26）

「教育環境」として四季というリズムが展開する生態的環境において、生命の輝きに触れる体験が本質的テーマとなる。

例えば、レオポルドが述べるように、「私が幼い頃に接した野生動物や、それを追いかけたときの印象は今でも鮮やかに残っていて、その形、色、雰囲気は半世紀にわたって……消えもしなければ修正されてもいないのである」[17]。

環境と主体とが一体化した動的な関係を、自然の原体験やセンス・オブ・ワンダー(感激の感性：カーソン R. Carson)を通じて、身に刻むことが大切なこととなる。そのためには、子どもと共に変化する自然の自己生成の力に触れて、お互いに成長していくのを体感する必要があろう。

第二に、環境教育の「知識教育」に関しては、汚染され破壊された生態系を直接対象とするのではなく、教育環境として「健康な health 生態系」の中で行なわれる「生態的環境と生命主体の営み」の循環的な相互作用を知的に理解することである。つまり、生態的環境と生命主体の相互に織りなすナチュラル・ヒストリーを学ぶことである。

そして第三に、環境教育における「環境復元の教育」に関して、生態系の破壊についての情報と環境復元の具体的教育が必要である。その場合、環境教育のテーマは、環境の保全・保護、再生・復元などであり、生態的環境のメカニズムに合致した解決に向けて、それぞれの段階的な目標が設定されねばならないのである。

2. 環境教育の目標－環境復元のプログラムへの示唆－

地球環境問題の解決の手段のために、環境教育の目標として、ベオグラード憲章(The Belgrade Charter: A Global Framework for Environmental Education, 1975)が一つの示唆を与えよう。憲章の環境教育の目標が、「気づき awareness」、「知識 knowledge」、「態度 attitude」、「技能 skill」、「評価能力 evaluation ability」、「参加 participation」にあるならば、環境復元のための環境教育はそのような内容を体系化したプログラムを組む必要がある。

まず第一に、環境復元の「具体的目標を設定する」ための基本的ルールを述べる。環境教育の各目標を実践するためには、生態的環境のメカニズムに関して、例えば自然と生命がどのように自らをつくり出し、環境に適応しているのか「気づく」必要がある。自然と生物、生物と生物、生物と人間との相互の生物誌 biota を学び、環境と主体が長い歴史を歩み、そしてどのようにシステム化されてきたかに「関心」をもって科学的知見に基づいた「知識」を得ると同時に、生態的環境の中に生きる生命に対しての慈しみと感激の「態度」を獲得する教育が必要である。さらにそれらを生態的環境において環境と生物種間とのかかわりを観察する「技能」と、稀少種の問題や自然環境の破壊状況などについての「評価能力」を身につけることである。そのためには、いうまでもなくフィールドに出る積極的な行動と「参加」の態度が培われていることが不可欠である。

第二に、環境復元の具体的目標に対する「動機づけ」には"自然の原体験"を前提とする。具体的目標に達するプロセスで環境教育で得た「知識」を「知恵」に転化することが大切である。つまり、憲章の6つの目標を実行するプロセスにおいて学んだ「知識 knowledge」や体験が十分に豊かで深いものであるならば、それは感動をともなった「知恵 wisdom」となるであろう。その意味で環境復元のプログラムが技術面に終始しないことが必要である。

第三に、環境復元の「具体的目標を実施する」場合、各目標の前に「なぜ why」と追加して考察すれば、一度限りのプログラムではなく、応用のきくモデル・プログラムへの示唆を得ることができよう。なぜ一つの種が絶滅すると人間や他の生物まで影響が及ぶのかに「気づき」、なぜ今までの人間の「知識」では捉えられなかったのか、なぜ他の生命を無視し生態的環境から距離を置き人間を優先する「態度」や無関心な「態度」が生じたのか、なぜ「技術」や「評価能力」が科学技術や方法論のみに重点が置かれ、それを使う人間に焦点が合わされないのか、なぜ"知識として知る"のみで、実感としての行動へと「参加」につながらないのか、と。

環境教育の6つの目標に「なぜ」という疑問をもつことから、「知恵」は深まり環境意識が高まることになる。そうすれば「基本的ルール」をベースにして地域環境の条件に応じた適用と新たなプログラムを考えつくことになろう。

こうした目標の枠組みの中で、特殊な環境や条件にも応用できる方向軸やガイドラインをもった、「環境復元のプログラム」を作成することができよう。

V. おわりに－新たな環境の創造のために－

---

[17] Leopold, A., (1987): *A Sand County ALMANAC*, Oxford University press, p.120. (邦訳『野生の歌が聞こえる』, 講談社学術文庫, pp.191-192)

本稿の主張をまとめると、次のようになろう。世界が生成・流転・消滅していくプロセスの中で、自己生成的に生態的環境を構成する要素ができ上がり、その中で生命が誕生する。その生命は、自己組織的に、それぞれの個体を自己維持・修復・増殖するために環境的価値・意味あるもの（アフォーダンス）を知覚して獲得すると同時に、環境と主体との循環的な相互作用により、生態的環境の世界をつくり上げ更新していく。

しかしながら、人間は環境認識において、身体的カテゴリーから生じる一つの傾向性があり、それが生物・社会・精神的自我と結びついて「自己中心的」ないし「人間中心的」な認識と行動を行なってきた。つまり現代人は「自我の病い（エゴイズム）」に陥り、地球環境を破壊してきたといえよう。

そこで、生態的環境である自然の中に入り「自我を解放する」ことにより、「外なる自然」のリズムと同調して「内なる自然」のリズムを回復し、現代社会のエゴイズムによって硬化しがちな自我を柔軟にすることができる。

さらに、自我意識が十分に発達する前の「生命の輝き」に触れる原体験が大切であり、それは生態的環境を観る原点となり、一生続く価値尺度となる。このような原体験を持つ若者は、自然環境が破壊されていることにも鋭敏な感性を自然と働かせることになる。彼らは環境の破壊・汚染に対して、居ても立ってもおれず行動せざるを得ないであろう。

また環境教育が、心豊かな子どもや若者を育てると同時に、持続可能な自然生態系を保全したり、さらには「社会」生態的環境である循環型社会を実現していく教育を担うことも分かった。さらに、環境復元のための環境教育は、各々の目標に対して具体的な段階を方向づける必要があることも理解できた。

それでは、現代人は環境をただ保護・保全し、復元・再生していくだけでよいのであろうか。いや、21世紀においては、生態的環境を基盤にして、環境復元をこえて「新たな環境の創造」を実現していかなければならないであろう。

総説 REVIEW

移入植物の侵略性とその管理に関する研究の動向

吉岡　俊哉
(株) 緑の風景計画

Toshiya YOSHIOKA: A Trend of Research into Invasion and Management of Alien Plants

摘要：移入植物による生物多様性に及ぼす影響が懸念されるが、わが国では、特に実用的な部分での研究が未だ少ない。本稿では植物の移入および侵略についての用語と概念、植物分類群の自然植生に対する侵略危険性予測システムおよび侵略性植物の管理に関する海外の研究事例を紹介している。

Abstract:　There is concern that the biodiversity are effected by alien plants. But in Japan, a few practicable studies are available. This paper reviews recent overseas studies about concepts of invasion of plants, weed risk assessment systems and management methods of invasive plants.

キーワード：　移入植物，移入植物管理，侵略危険性予測
Keywords: aliens plants, invasive plants management, weed risk assessment

Ⅰ.はじめに

　移入植物の生物多様性に及ぼす影響は、開発行為や乱獲、適正な管理の欠如や放置と並んで第3の危機と位置づけられている(鷲谷, 2003)。移入植物対策は、生物多様性保全を目指す自然再生にとって、避けて通れない関門の一つである。

　これまで、わが国の植物の持つ負の影響についての研究は、農耕地雑草が中心であり、草本が主であった。しかし、近年、ニセアカシア Robinia pseudoacacia Linn.、トウネズミモチ Ligustrum lucidum Ait.、セイヨウイボタ Ligustrum vulgare Linn.など移入木本植物が海岸林や都市近郊の樹林への侵入が報告され、地域生態系への影響が知られるようになってきた(日本生態学会, 2002, 清水・近田, 2003)。

　このような流れから、「植物の移入を認めない」「植物を植える場合は自生種に限る」という制限が多くなることが予想される。また、一方では、インターネットを介した情報や通信販売の発達により、様々な植物が流通移入するであろうことも考えられる。

　当然ながら、移入された全ての植物が、その地の生態系に影響を及ぼすわけではない。移入された生物のうち10分の1が定着し、定着した生物の10分の1が害を及ぼすようになるという移入生物の「10分の1の一般則」に則れば、移入生物の1%が環境に有害となる(Williamson and Fitter, 1996)。しかし、これには例外があり、例えばイギリスにおける移入農作物の場合、75種中71種が栽培地より逸出し野生化している(Williamson and Fitter, 1996)。これまで言われていた「栽培植物は人間の管理下を離れ生育できない」という説への反証であるが、様々な要素の絡み合う生物の移入という事象は、一般化が難しく、それぞれのケースに応じて有害となる可能性を調べる必要があることを示している(Williamson and Fitter, 1996)。

　本稿では、植物の移入という概念と用語の整理、ある植物分類群の侵略可能性を予測するいくつかの方法と、移入植物の管理手法を紹介する。移入に関する用語は、原則として、日本緑化工学会(2002)「生物多様性保全のための緑化植物の取り扱い方に関する提言」、日本緑化工学会斜面緑化研究部会(2003)「のり面における自然回復緑化の基本的な考え方の提案」に準じた。

表 1：植物の移入に関する用語（Richardson *et al.* 2000）

移入植物 Alien plants	意図的あるいは非意図的に人間の活動の結果として、ある地域に分布することとなった植物分類群。
一時定着植物 Casual alien plants	開花しまれに繁殖するが自然更新は行わず、繰り返し移入され個体群を維持している植物分類群。
野生定着植物 Naturalized plants	移入植物のなかで、自己再生産能力により多くの生活環にわたって、人間の直接的な補助なしに個体群を持続している植物分類群。しばしば生育域を拡大するが、自然植生、半自然植生や人工植生に侵入するとは限らない。
侵略的植物 Invasive plants	野生定着種の中で、生育域を拡大し、しばしば大量繁殖を行い、親個体より、種子繁殖の場合 50 年未満に 100m を越え、根、ほふく茎など栄養繁殖の場合 3 年で 6m 以上離れる植物分類群。
雑草 Weeds	望まないところに分布生育し、経済的あるいは環境上の影響を与える移入種とは限らない植物。環境雑草は、自然植生に侵略する移入植物。この場合の雑草は草本のみではなく、木本など維管束植物全般を含む。
トランスフォーマー Transformers	ある地域の重要な部分の生態系本来の持つ性質、状態、形態あるいは実態を変えてしまう侵略的植物。

II. 移入植物とは

1. 移入に関連する用語の整理

Richardson をはじめとする侵略的植物の研究者は、英語における移入種関連のその概念の整理を行い、用語の定義を提唱した(Richardson et al. 2000)(表1)。

「移入」には、時間的要因と距離的な要因が関連する。時間的要因とは、いつの時点で移入したものであるかで、例えばヨーロッパ中央部では 1492 年を分岐点とし、それ以前に移入したものを archeophytes、以降のものを neophytes と区別している。距離的要因では、ごく大まかに 100km を越え移動したものを移入植物と言う。しかし、植物分類群によっては 100km に満たない「移入」もあり、また、例えばヨーロッパ大陸とイギリスのように 32km しか離れてないこともある。大陸、島嶼、生物地域、生態地域、州、国などの境界が存在し、それらを越えた植物分類群が、移入植物となり得るとする。

2. 移入から生態系侵略に至るプロセス

意図的、非意図的を問わず、移入した植物が、その地の環境に影響を及ぼすまでには、いくつかの段階が存在する。帰化植物研究の中では、帰化の前段階として「仮性(住)帰化」「予備帰化」という区分が提唱されている(淺井, 1986)。

侵入モデルとしては、まず「移住」「独立的生育」「永住する」「拡大能力獲得」の 4 つのステップが考えられるが、この根底には、侵入後に成功する植物と失敗する植物に区分する考えがある(清水・近田, 2003)。

Richardson ら(2000)は、最終的に移入先の生態系に侵略するまでに、以下の 6 つの障壁が存在し、移入植物はいずれかの段階にいるとした(図1)。

図 1：移入植物の拡散を阻む障壁の概念図
(Richardson et al. 2000)

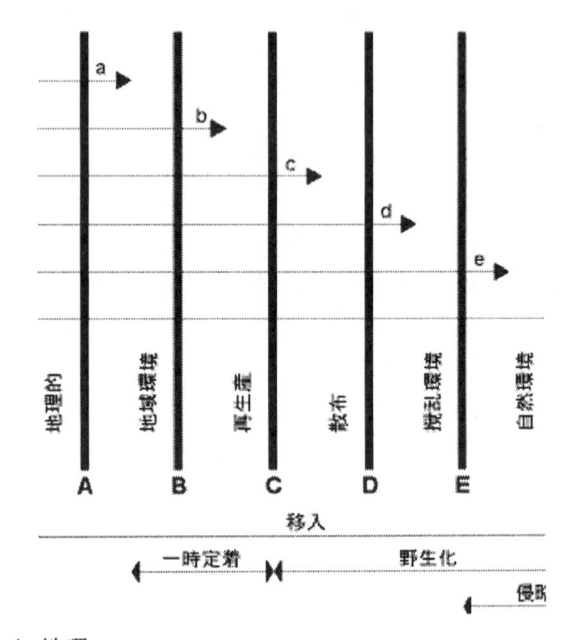

A 地理

人間の意図的あるいは非意図的な活動の結果、この障壁を突破したものが、移入植物である。大陸間、あるいは大陸内においてその距離は前述のように 100km を大まかな目安とする。

B 地域環境

その地でその植物が生育できるかどうかの生物的(天敵の存在など)および非生物的(気候、土壌など)な障壁。

C 再生産
例えば特定の花粉媒介者の存在など、子孫を残すための生殖再生産を行えるかどうかの障壁。

D 散布
種子、果実あるいは子植物の散布拡大における障壁。種子散布を行う鳥、動物などの存在が関連する。

E 攪乱環境
人工植生あるいは移入植物からなる植生を形成するに至る障壁。

F 自然環境
自然植生、半自然植生への積極的侵入するまでの障壁。

障壁を越えることは、不可逆的ではなく、例えば気候の変化により、ある段階まで至った分類群が絶滅することもある(Richardson et al. 2000)。

時間的に漸次に進行するとは限らない。熱帯における侵略的木本植物の研究では、分布の拡大が認識されるまで3年から約50年、有害であるとされるまで4年から約90年かかっているが、温帯においてはより時間がかかり移入より131〜170年で侵略的と認識される(Binggeli, 1998)。このようなタイムラグの原因は、遺伝子型順応や指数級数的な増殖によるものと考えられている(Binggeli, 1998)。また、災害などによる大規模な攪乱環境の出現や、新たな移入など、外部的要因により障壁を越え、段階を上がることがある(村上, 1998)。

小笠原諸島においては、戦前よりガジュマル Ficus microcarpa L. が植栽されており、これまで結実することはなかった。しかし、近年ガジュマルコバチが移入された結果、結実するようになり、鳥により散布され、山中にも実生苗が多く見つかるようになった(豊田, 2003)。この例では、図1の矢印bの段階であった植物が、花粉媒介者の移入により矢印cとなり、その後、矢印dへ至っている。

それぞれの障壁の高さは、植物分類群によって異なる。自殖性であれば障壁Cは、種子が風散布によるものは障壁Dは事実上存在しない。障壁を越える能力は植物分類群によって異なり、その考え方を進めたものが、次章で述べるWRAシステムである。

III. WRAシステム

1. WRAシステムとは

ある地域において、そこに自生しない植物が移入される場合、その地域の自然植生に対して侵略する危険性を予測するシステムを、Weed Risk Assessment (以下WRA)という。

国を単位とする植物検疫は、多くの国で実施されているにもかかわらず、交通の発達や流通量の増大に伴い、侵略性を持った移入植物は意図的あるいは非意図的を問わず導入され、世界各地で経済的損失を与え、自然環境に影響を及ぼしている。

ある植物を移入するか否かを決定する指針は、以下の4つの枠組みによる(Reichard and Hamilton 1997)。

1) 侵略性のある植物のリストに記載されない限り許可される

2) 侵略性のない植物のリストに記載されない限り拒否される

3) 可否の決定の前に十分な侵略性の試験検定を行う

4) 種の侵略可能性を、他の侵略的植物の情報などから評価推定する

1)の方法は、例えば農林水産省の強害雑草リストのように、いくつかの国で公表利用されているが、未知の種に対して、また、移入した先において突然侵略性を発揮するような場合には無力である。2)は医薬品など安全性が最大限求められるようなもので使用される方法であるが、植物検疫などにおいては非関税障壁となりかねない。また、未知の侵略的植物の場合は、1)と同様に無力である。3)については、植物の流通需要が増大している現在では、多大な経費と労力、そして時間が必要であるため現実的ではない。そのため、近年、4)による様々な手法が開発されてきた。4)における侵略可能性とは、前章で述べた植物分類群の持つ障壁を越える潜在能力である。

WRAシステムの最も重要な目的は、

1) 侵略性を持つ植物を侵略性ありと予測できること

2) 侵略性を持たない植物を侵略性なしと予測できることの2点である(Pheloung et al. 1999)。侵略性を持たない植物を知ることは、人間の生活に必要な植物や様々な場面で有用な植物を、安易に締め出さないために必要である。侵略性の有無が不明な場合は、より詳細な調査や検定を要求することになるが、要詳細調査と評価される種の数は最小であることが経済的にも望ましい。

当初は移入の可否決定のために構築されたが、続いて、すでに移入された植物を管理する時の優先度判断のためのシステム、農作物や林木として栽培されている植物の中にも、高い侵略性を持つものがあり、危険予測や管理のための評価システムが必要となった

(Virtue, 2001)。

本稿では、4つのWRAシステムを取り上げる。北米大陸における侵略性木本植物決定木、WRAモデルの2つは、植物検疫のためのシステムであり、雑草重要度評価は管理のためのシステムである。最後のニュージーランドのシステムは、検疫および管理の2つのシステムからなり、基礎となるデータを共用するところに特徴がある。世界各地で独自のスクリーニングシステムを開発すべきではあるが、それには多大な時間や費用が必要であろう。一部には地域的な調整を要するであろうが、地理的に汎用性のある一つのシステムが確立されれば、経済的であり、ある植物種の危険性を素早く容易に予測することができる(Daehler and Carino, 2000)。

2. 北米大陸における侵略的木本植物決定木 (Reichard and Hamilton, 1997)

ReichardとHamiltonは、1930年以前に合衆国へ持ち込まれた木本植物のうち、栽培地から逸出したか否かを基準に、53科125属を侵略的植物、48科80属を非侵略的植物として抽出しサンプルとした。その中の76種は、特に強害侵略的植物とした。続いて、侵略性に直接的あるいは間接的に関連するであろう14の特徴を選び、それぞれのサンプル種について文献、標本を調査した。そうして得たデータセットを元に、それぞれのグループ内での差が最小になり、グループ間の差が最大となる属性を求めるため判断分析を行った。また、その属性を用い分類表現木を作成し、それを元に作成したのが侵略的木本植物決定木である。

この決定木においては、ある木本植物の導入を「可」「否」「要詳細調査・モニタリング」の3分類で評価する。各経路でのべ14(重複を除いて実質8)のYes/Noの設問が設定されており、他のシステムに比べ、比較的容易に判定することができるが、場合によっては全ての設問への解答が用意できないと評価不能となる(図2)。

検定の結果では、強害侵略的植物では「可」の判定はないが、侵略的植物では2%が「可」と判定された。また、非侵略的植物については、54%が「否」あるいは「要詳細調査」と判定されている。最初の設問である「北アメリカ以外の地域で侵略性を示しているか」の答えがYesの場合、「否」とされることが多くなってしまう傾向がある(Daehler and Carino, 2000)。

定木を日本列島に適用するためには、DaehlerとCarino (2000)が太平洋諸島に適用するため2つの地理的情報に関わる設問を調整したことと同様の調整が必要である。

3. WRAモデル (Pheloung et al., 1999)

オーストラリア植物検疫に適合するようにデザインされたWRAモデルで、その後、ニュージーランドで適合性を試験した結果、いくつかの設問を調整した上で使用できることが判った(Daehler and Carino, 2000) (表2)。

この予測法は、コンピュータ上のスプレッドシートモデルで、49の設問に一部を除きYes/Noで解答し、設問毎に異なる重みづけされたスコアを集計することにより、その植物種の侵略可能性を算出する。すべての設問に解答できないことを想定し、それぞれ少なくともA:2問、B:2問、C:6問に解答すれば判定でき、また、「判らない」にもスコアが割り当てられており、情報の少ない種も評価可能となっている。スコアの集計値が0以下が導入化、7以上が導入不可で、1から6が要詳細調査と判定される。また、各設問は農業(A)、環境(E)、複合(C)とラベルされており、そちらを集計することにより、農業、環境のどちらの要素において侵略性を発揮するかの指標を得ることができる。

設問の調整は2.01および2.04の気候を調整することによる。また、単純なシステムであるため、対象となる地域に即した重み付けの調整も可能であり、汎用性の高いシステムである。

設問数が多いため、必要な情報は植物学、生態学など理学的なものから、園芸学、林学など農学の分野まで幅広く必要である。

4. 雑草重要度評価 (Virtue, 2000)

これまでのアセスメントは、ある植物種の導入の可否判断のために構築されたシステムであるが、このVirtueのシステムは、南オーストラリアにおける自然植生を含む土地利用に存在する木本植物を含む雑草を管理するための優先度を判定するためのものである。対象としては移入、自生を問わず、土地利用と無関係な、あるいはその障害となる植物であり、その土地利用に対して重要な影響を及ぼすであろう種を知るために使用するシステムである。

対象となる土地利用は、水性植物地、畑作・牧草地、林業地、潅水を伴う畑作・牧草地、自然植生、耕作不適な放牧地、果樹園、公園や緑道など緑地であり、回答者はその土地利用を常に念頭に置くことが求められている。

侵略性、影響、拡散可能性の3つに関してそれぞれいくつかの選択式の設問に答えることにより、スコアが算出される。それぞれの設問は、実状を観察することにより回答可能である。

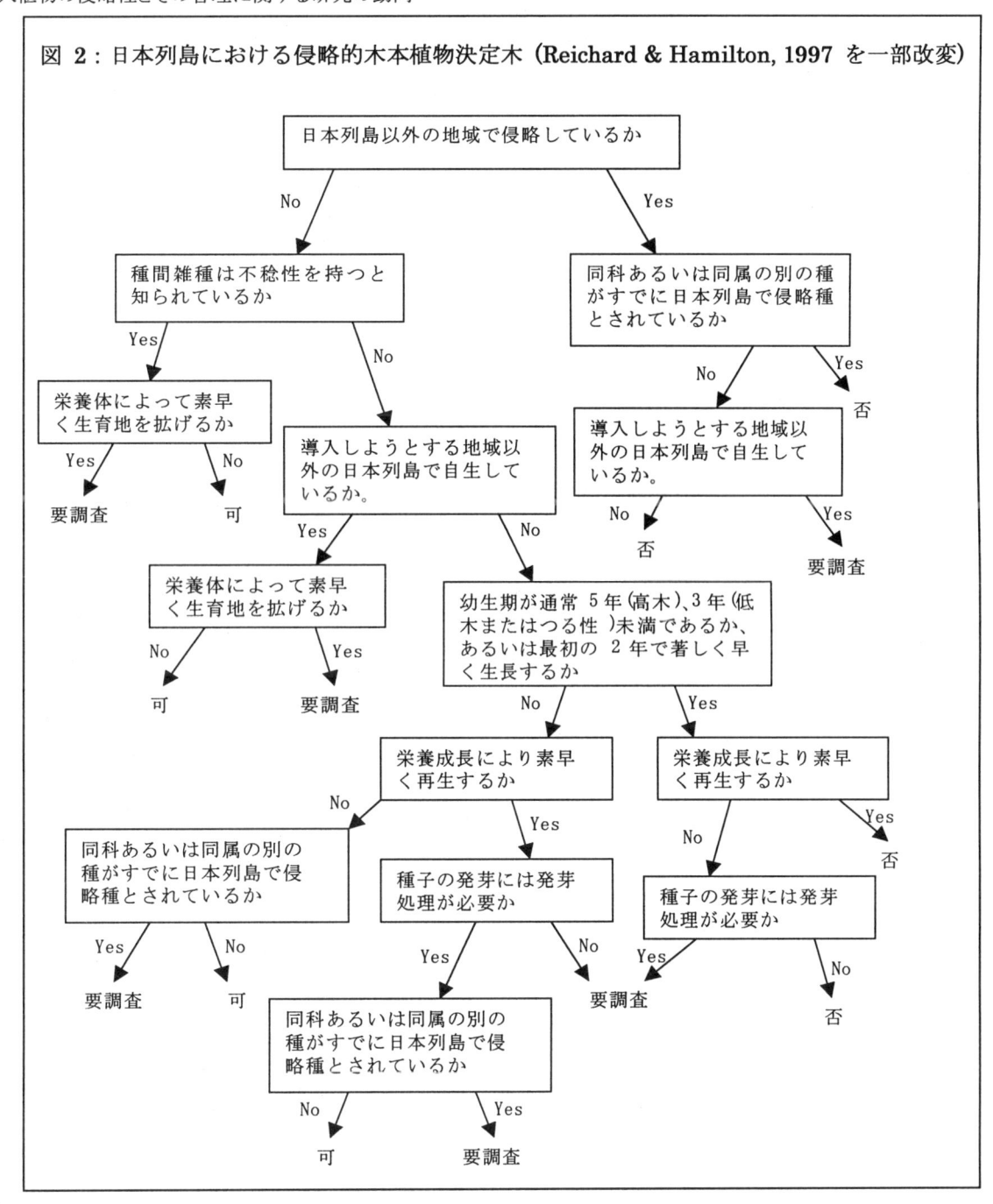

図 2：日本列島における侵略的木本植物決定木（Reichard & Hamilton, 1997 を一部改変）

すでに定着し拡散しつつある移入植物がある場合、その駆除の重要性を知るためのツールであり、複数種存在する時には、どちらの植物が緊急性を要するかを知る一助となろう。

5. ニュージーランド自然環境雑草アセスメントシステム (Williams et al. 2002, Williams and Newfield 2002)

導入時の植物検疫におけるシステムと、すでに導入された植物に対し危険度を評価するシステムの 2 つからなり、すでにニュージーランド国内に入っている移入植物 25,000 種の現在の動静状況を元に予測するものである。これまでの WRA システムが、「他のどこかで侵略している」という情報に重点を置きすぎているところを改良し、ある植物種がニュージーランドでのみ侵略的植物となることを事前予測するために構築された。

ある植物分類群における科毎、属毎のニュージーランド国内における野生化率、侵略率によって、未知の新しい植物の侵略可能性を予測するもので、それに加えて、「他のどこかで侵略している」という要素と、生育形態と対象となる植生の要素を加味して点数付けを行う。そのためには、移入植物の科毎の移入率、野生化率、雑草化率などを基礎データとして整備する必要がある。

導入された植物の危険度評価では、上記の基礎データとともに、影響、拡散、公共必要度が判定される。

影響値と拡散値を掛け合わせたスコアを縦軸に配置し、横軸に公共必要度をとったマトリックスとして表現することにより、管理上の優先度がわかりやすくなる。

IV. 移入植物の管理手法

1. 移入植物の管理

侵略的移入植物による生物多様性に対する影響を防止するためには、何よりもまずそのような植物を移入しないという予防的措置が最も効果的であるが、すでに移入している場合は、迅速な対応、撲滅、防除(制御)が必要となる(村上、1998、日本生態学会、2002)。撲滅はもし実行可能で、経済的にも許容範囲であれば最優先で取るべき方法であるが、それが不可能である場合は、これ以上分布域が広がらないように封じ込めることや、個体数を減らすための防除(制御)をすることとなる(McNeely, 2000)。管理を行う場合は、事前の十分な調査と、事後のモニタリングと評価に基づく目標の調整が必要である(Tu et al. 2001)(図3)。フィードバックを確実にし、慎重に、また柔軟にことを進めることが求められる(日本生態学会、2002)。

図3：順応性のある移入植物管理 (Tu et al. 2001)

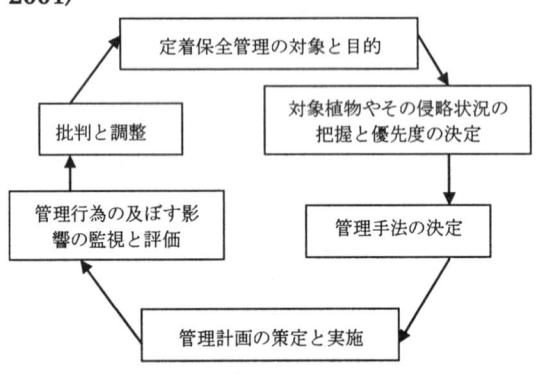

2. 管理計画

効果的な管理計画の策定は、対象となる侵略性移入種の分布とその密度を地図に落とすことから始まる(Goodland et al., 1998)。衛星写真や航空写真を使用することもあるが、最終的には実地踏査を行う。意図的導入の結果による場合は、特に親植物の把握が重要である。

それと同時に、侵略履歴の調査を行う。台風などによる大規模な撹乱や収穫サイクルの変更などが移入種侵略のきっかけとなることもあり、それを知ることは管理計画の策定に有用である(Goodland et al., 1998)。

対象となる植物について性質、特に生殖方法や萌芽再生力は、適切な手法や実施時期に関連する。前述のWRAシステムの設問は、このような基本的な性質の把握に役立つ。

それと同時に、動物も含めた地域生態系における現在の地位の調査も含めた侵略状況の把握は重要である。移入からある程度の時間が経過している場合、生態系に組み込まれ、その撲滅が影響を及ぼすこともある。一例を上げれば、小笠原諸島の移入植物であるアオノリュウゼツラン Agave americana L. やキバンジロウ Psidium cattleianum Sabine などは、天然記念物で絶滅指定危急種でもあるオガサワラオオコウモリ Pteropus pselaphon Layard のエサとなっている(稲葉・小守、1998)。また、斜面の安定などに移入種が寄与していることもあるので、侵略による正負両面の影響を幅広く知ることが欠かせない(Goodland et al., 1998)。

効率的な管理を行うためにも、コストと効果を検討した上で、管理レベルの策定とそのゾーニングは必要である。それと同時に、もっとも効果的である一群 nascent foci を撲滅することが、侵略を止めるために有効である(Moody and Mack, 1988)。

重点的に管理する地域は、特別環境地区 Sepecial Ecological Area (SEA) あるいは 侵略制御地区 Invasive Control Area (ICA) とし、原則的にすべての侵略的移入種を撲滅し、その周囲には、個体数の制御を行う緩衝地帯を設ける(Goodland et al., 1998)。すでにひどく侵略されているところの管理の優先度は低い。しかし、侵略されてからまだ日が浅い部分であれば、自然植生の復元の可能性は高い(Goodland et al., 1998)。

管理の程度は、その後の自然植生復元とも関連するため、慎重に設定する必要がある。移入植物の急激な撲滅や伐採は、別の移入種の侵略のきっかけともなるので、段階的に撲滅し伐採より立ち枯れするような手法を採用すべきである(Goodland et al., 1998)。

3. 移入植物の管理手法
1) 物理的管理
引き抜き・抜根

草本や木本の幼生苗などに有効である。根よりの再生を防ぐため、根茎、球根、根元の部分(根頭)などを除去する必要がある(Oosterhout, 2003)。しかし、土壌中のシードバンクからの移入植物の発芽を防止するため、土壌の攪乱は最小限にとどめることも重要である(Tu et al., 2001)。また、斜面の安定やエロージョン防止のためにも、根を除去する必要のない植物であれば

土中に残すべきである(Goodland et al., 1998)。
刈り取り
　種子生産量を減少させる。特に1年草であれば開花結実前に実施することにより、効果が高い。しかし、一面の刈り取りは、自生種に対する影響も同様にある。
　栄養繁殖力の強い草本や結実期の実施は、刈り取り作業自体が分布拡大の原因となる場合もあり得る。作業方法や刈り取った植物体の運搬や処理方法、また、実施時期には注意が必要である。
伐採・切り倒し
　木本に適用される手法であるが、萌芽再生力の旺盛な植物の場合、切り株の処理と同時に、伐採した幹や茎葉の処理も適切に行う。
樹皮環状剥離法、ガードリング
　伐採できない木本では樹皮の環状剥離法(巻き枯らし)や、幅25mm、深さ45mmほどで形成層を含めて環状に削る方法(ガードリング)が取られることもある。
　小笠原母島におけるアカギ Bischofia javanica Blume の駆除は巻き枯らしによるが(清水, 2002)、萌芽再生力が強いためその結果が注目されている。
表土除去
　イネ科草本のように多量の種子を生産しシードバンクを形成するような場合、表土ごと除去する方法が有効である。鬼怒川河川敷におけるシナダレスズメガヤ Eragrostis curvula Nees 駆除では、この方法が用いられている(日本生態学会, 2002)。しかし、大規模な攪乱を伴うため、新たな侵略のターゲットとなりやすく、実施後の対策や管理が必要である。

2) 環境的管理
　火入れや、土壌水分あるいは窒素を調節することによって移入植物を管理する方法である。古来から行われている若草山の山焼きや、芝焼きなど、いわゆる雑草対策の側面もあり、これを移入植物管理へ応用する方法である。雑木林における落ち葉掻きなどは窒素量の調節といえよう。

3) 生物的管理
　対象となる植物を害する動物、キノコ類、微生物などを用いた方法である。小笠原諸島においてはリュウキュウマツ Pinus luchuensis Mayr. のマツノザイセンチュウ Bursaphelenchus xylophilus (Steiner e Buhrer) Nickle et al. による、あるいはギンネム Leucaena leucocephala (Lam.) de Wit のギンネムケジラミ Heteropsyra cubana による一斉枯死が観察さ

れており(冨山, 1998)、このような現象を移入植物管理に応用するものである。新たな移入種問題を引き起こす可能性が高いため、十分な研究と慎重さを要する。
　まだ研究が少ないが、特に、すでに定着し拡散してしまったような移入植物に対し有効な手段として期待されている(Froude, 2002)。わが国においては、法面の管理にヤギを利用した例(大泉, 2003)があり、今後の研究が待たれる。

4) 化学的管理
　除草剤、殺草剤を利用した管理手法。葉面や樹皮へのスプレー散布のみではなく、樹幹への注入や塗布などの方法がとられる。また、塗布用のゲル状薬剤などの開発も進んでいる(Ward et al., 1999)。
　一般に侵略的移入植物の場合、生育は旺盛で、萌芽再生力も大きいため、刈り取りや伐採などの物理的方法のみで制御できないことも多く、ガラパゴス諸島をはじめとして、多くの国で化学的管理は大きな成果を上げている(Goodland et al., 1998, 伊藤, 2002)。また、樹皮環状剥離法など物理的管理手法と組み合わせることも多い。費用対効果の点でも有用であるが、自生種や環境への厳しい配慮が求められる。
　農薬には多くの国で適用作物の法的規制があるが、オーストラリアなどでは適用外の侵略的移入植物に対し使用する場合、地方自治体の求めに応じ散布を事前承認する制度がある(National registration authority 2002)。わが国において化学的管理を実施するためには、このような法的整備が必要である。

5) 自生植物の植栽
　いずれの方法をとったにせよ、移入植物のあとには、自生植物あるいは侵略的でない移入植物を植栽することが有効である(Goodland et al., 1998)。攪乱環境の放置は、新たな移入植物の侵略を招くだけでなく、土壌の流亡や斜面の安定性を損ねることとなる。
　自生植物と移入植物は、排他的に分布する例もあり(吉田・岡, 1999)、植生の復元にはいち早く自生植物を中心とした植生を成立させることが重要であろう。
　植栽する植物は、日本緑化工学会斜面緑化研究部会(2003)の「のり面における自然回復緑化の基本的な考え方の提案」などに準拠したものが望ましい。

V. 今後の課題

　侵略的移入植物対策の第一は、それを移入しないこ

とであり、移入してしまった場合は、早期発見と早急な対応が必要である。

危険な植物を移入しないために、これまで安易に植栽されてきた植物を、侵略性という観点から見直すべきである。特に緑化植物の場合、旺盛な生育力や花付きの良さは、機能的、修景的な要請から求められる性質であるが、その反面、侵略可能性に直結する。野鳥を集めるため食餌木を植えることも、種子の散布拡散の機会を増大させることとなる。種の選定には、その苗や種子の由来まで含めた慎重さが求められよう。

2003年10月、小笠原父島において、街路樹として植栽されていたタイワンモクゲンジ Koelreuteria formosana Hayata が異常繁殖しているのが、地元NPOのメンバーによって報告された（鈴木・鈴木，2003）。6本の親木から、半径160mほどの範囲に、推定750本の雅樹が分布していた（鈴木・鈴木，2003）。それを受け、道路管理者である東京都小笠原支庁が中心となり、ボランティアによって12月中旬に雅樹の一斉除去が行われた。親木は開花後速やかに剪定を行い、結実しないように制御されることとなった。これは、おそらくわが国における侵略的移入植物撲滅の最初の例であり、地域の人によって発見され、対処されたところに大きな意義がある。

侵略的移入植物の早期発見のためには、以下の点に注意することが求められる（Goodland et al., 1998）。

・同様な気候や環境条件下で侵略している植物種リストの作成。
・リスト中のどの種がその地域に存在しているかの把握。
・その移入種の生育条件と生殖条件の把握。特に種子や栄養体散布様式が重要となる。
・自然更新能力の把握。
・移入種の進入経路となりうる道路や歩道の詳細の把握。
・自然環境の大規模な撹乱可能性。
・人々に対する侵略性移入種についての知識啓発。

たとえ個人的な少数の移入でも、その危険性は変わらない。人々に対する広報は、早期発見のみならず、移入防止という点からも重要である。

管理手法では、特に化学的防除の是非を早急に議論する必要があろう。わが国では現実問題として殺草剤、除草剤散布による撲滅が難しい状況にあるが、薬剤による防除しか効果のない侵略的植物の場合はどうするか。輸入飼料に由来する強害雑草の移入例（清水，1998）も報告され、近い将来そのような侵略的植物問題と直面する可能性は高い。

前述のように薬剤の注入や塗布、ゲル状の薬剤の利用は、効果も高く、環境への影響も最小限で抑えられ（Goodland et al., 1998）、このような比較的安全な手法も研究する必要があろう。また、それと同時に、例えば成長抑制剤やホルモン剤による開花結実の抑制など、別のアプローチも検討すべきである。

刈り取り、伐採後の茎葉処理も大きな課題である。関係法令による規制のため、簡単に焼却できないケースが多いと思われ、再萌芽などの危険を排除できる処理方法が必要となる。また、土壌中に蓄積されるシードバンクの自生植物、移入植物双方の面からの研究も重要であろう。

地域性種苗の生産体制整備は、その手法の研究も含め、植生復元のみならず移入植物に頼らない緑化という点からも、早急に解決すべき課題である。

移入植物の侵略は、それぞれがユニークであり、種毎あるいは地域生態系など様々な要素の組み合わせによって異なり、管理計画策定のもっとも有用な情報は、そこでの過去の管理プログラムである（Goodland et al., 1998）。しかし、似たような気候や環境条件下での侵略例や管理手法も、必要な情報である。国内外の侵略性移入植物の幅広い情報の集積とその公開が望まれる。

引用文献

淺井康宏（1986）帰化植物の現状，遺伝 40(1), 26-35

Binggeli(1998) An overview of invasive woody plants in the tropics, School of agricaultural and forest sciences publication 13, University of Wales, pp.83

Dahler, C. C. and Carino, D. A. (2000) Predicting invasive plants: prospects for a general screening system based on current regional models, Biological Invasions 2：93-102

Erneberg, M (2002) The process of plant invasion with focus on the effects of plant disease, National Environmental Research Institute Ministry of the Environment, Denmark, pp.49

Froude, V. A. (2002) Biological control options for invasive weeds of New Zealand protected areas, Science for conservation 209, New Zealand Department of Conservation, pp.68

藤原昭博（2002）小笠原母島桑ノ木山における保存事業の概要と保存林内における固有種等の現状，林木遺伝資源情報 4(1) 1-2

Goodland, T.C.R., Healey, J.R. and Binggeli, P. (1998) Control and management of invasive alien woody plamts in the tropics, School of agricaultural and forest sciences publication 14, University of Wales, pp.20

稲葉慎,・小守桃世(1999) オガサワラオオコウモリの食性と摂食行動, 天然記念物緊急調査(オガサワラオオコウモリ)調査報告書, 小笠原村教育委員会. 41-63 pp.

伊藤秀三(2003) ガラパゴス諸島, 角川書店, pp.257

小池文人(2001) 水際の防衛、危険予測は可能か, 移入・外来・侵入種, 築地書館, 264-276 pp.

McNeely, J.A. compiled/edited (2000) Global strategy for addressing the problem of invasive alien species, IUCN - The World Conservation Union, pp.61

Miller, J. H. (2003) General principles for controlling nonnative invasive plants, http://www.invasive.org/eastern/src/control.html

Moody, M.E. and Mack, R.N. (1988) Controlling the spread of plant invasions: The inportance of nascent foci, Journal of applied ecology 25: 1009-1021

村上興正(1998) 移入種対策について―国際自然保護連合ガイドライン案を中心に―, 日本生態学会誌 48:87-95

National registration authority (2002) Off-label permit for use of a registered agvent chemical products, permit number - per5385 pp.6

日本生態学会編(2002) 外来種ハンドブック, 地人書館, pp.390

日本緑化工学会(2002) 生物多様性保全のための緑化植物の取り扱い方に関する提言, 日本緑化工学会誌 27(3) 481-491

日本緑化工学会斜面緑化研究部会(2003) のり面における自然回復緑化の基本的な考え方の提案, pp.17

Oosterhout, E.v. (2003) General information on control methods for environmental weeds, The states of Queensland (department of natural resouces and mines website), http://www.nrm.qld.gov.au/pests/environmental_weeds/

大泉紀男(2003) 動物による芝生地の生態的管理と地域コミュニティーの形成の可能性, 芝草研究 32(別 1): 36-40

Pheloung, P. C., Williams, P. A. and Halloy, S. R. (1999) A weed risk assessment model for use as a biosecurity tool evaluating plant introductions, Journal of Environmental Management 57 : 239-251

Reichard, S. H., and Hamilton, C. (1997) Predicting invasions of woody plants introduced into North America, Conservation Biology 11(1): 193-203

清水矩宏(1998) 最近の外来雑草の侵入・拡散の実態と防止対策, 日本生態学会誌 48: 79-85

清水建美・近田文弘(2003) 帰化植物とは, 日本の帰化植物, 平凡社, 11-39pp.

清水善和(2002) 前進した小笠原の自然保護, プランタ 81, 9-15

鈴木創・鈴木道子(2003) 父島大村の都道沿いに植栽された街路樹タイワンモクゲンジ Koelreuteria formosana Hayata の異常繁殖状況について, NPO法人 小笠原自然文化研究所, pp.10

冨山清升(1998) 小笠原諸島の移入動植物による島嶼生態系への影響, 日本生態学会誌 48:63-72

豊田武司編著(2003) 小笠原植物図譜 増補改訂版, アボック社, pp.522

Tu, M., Hurd, C. and Randall, J.M. (2001) Weed control methods handbook: Tools & techniques for use in natural areas, The nature concerrancy wildland invasive team

Virtue. J. (2000) Weed assessment guide - 2000, Animal and Plant Control Commission - South Australia, pp.12

irtue. J. (2001) Weed risk assessment - recent developments in Australia, Working Group Report 2001 - Noxious Weeds, Canadian weed science society, pp.14

鷲谷いづみ(2003) 今なぜ自然再生事業なのか, 自然再生事業, 築地書館, 1-42pp.

Ward, B. G., Henzell, R. F., Holland, P. T. and Spiers, A. G. (1999) Non-spray methods to control invasive weeds in urban areas, Proceedings 52nd New Zealand plant protection conference 1999:1-5

Williams, P. A. and Newfield, M (2002) A weed risk assessment system for new conservation weeds in New Zealand, Science for conservation 209, New Zealand Department of Conservation, pp.23

Williams, P. A., Wilton, A. and Spencer, N. (2002) A proposed conservation weed risk assessment system for the New Zealand border, Science for conservation 208, New Zealand Department of Conservation, pp.47

Williamson, M and Fitter, A. (1996) The varying success of invaders, Ecology 77(6), 1661-1666

吉田圭一郎, 岡秀一(1999) 母島の耕作放棄地における外来樹種と在来樹種の分布, 小笠原研究年報 23: 47-52

表 2：小笠原諸島向けに調整した WRA モデル例（Pheloung et al., 1999 を一部改変）

A	A	1 栽培	1.01	その種は栽培作物として広く利用されているか?
	C		1.02	栽培地より広がり野生化しているか?
	C		1.03	その種は雑草の系統を持っているか?
		2 気候と分布	2.01	小笠原諸島の気候に適応しているか?（低:0；中:1；高:2）
			2.02	気候条件の質的適応（低:0；中:1；高:2）
	C		2.03	広範囲の気候に適応
	C		2.04	亜熱帯海洋性気候条件下に自生または野生化
			2.05	自生地より繰り返し導入されているか?
	C	3 他地域での雑草化	3.01	元来の生育気候条件を越え野生化
	E		3.02	庭などの雑草である
	A		3.03	農林業の雑草である
	E		3.04	自然環境への雑草である
			3.05	総合的な雑草
B	A	4 好ましくない形質	4.01	とげや針、鋭い鋸歯
	C		4.02	アレロパシー
	C		4.03	寄生性
	A		4.04	草食動物の忌避性
	C		4.05	動物に対して有毒
	C		4.06	病虫害の寄主
	C		4.07	アレルギーの原因あるいは人間に有毒
	E		4.08	自然生態系において野火の原因となる
	E		4.09	生活環のいずれかにおいて耐陰性を持つ
	E		4.10	やせ地でも生育する
	E		4.11	登攀性あるいは締め殺し植物
	E		4.12	単一植生となる
C	E	5 植物の型	5.01	水生
	C		5.02	イネ科
	E		5.03	窒素固定性木本
	C		5.04	地中植物
	C	6 繁殖	6.01	自生地での大量繁殖による一斉枯死の痕跡がある
	C		6.02	生育可能な種子をつくる
	C		6.03	自然雑種を形成する
	C		6.04	自家受精
	C		6.05	特定の花粉媒介者が必要
	C		6.06	栄養繁殖
	C		6.07	最小生殖周期（1年:1；2年:0；4年:-1）
	A	7 散布様式	7.01	交通の激しい場所に生育し無意図的に散布される
	C		7.02	人間によって意図的に散布される
	A		7.03	爆発的に散布される
	C		7.04	風散布に適する
	E		7.05	浮遊性を持つ
	E		7.06	鳥により散布される
	C		7.07	鳥以外の動物に付着して散布される
	C		7.08	鳥以外の動物に被食され散布される
	C	8 永続性	8.01	種子の多産性
	A		8.02	散布体バンクを形成する痕跡
	A		8.03	除草剤による抑制
	C		8.04	切断、開墾あるいは火に対する耐性あるいは優位性を持つ
	E		8.05	天敵が存在する

総説 REVIEW

都市環境再生のための処方箋

甲斐 徹郎
株式会社チームネット 代表取締役・エコロジー住宅市民学校主宰

Tetsuo KAI: Prescriptions for Urban Environment Restoration

1. なぜ都市の環境は荒廃していくのか？

まず、「なぜ都市の環境は荒廃していくのか？」という根本的な問いについて検討してみたいと思う。この問いに対する答えを見出すために、「街の環境」と「個人の暮らし」との関係について、伝統的な集落と現代の都市とを比較することで考察してみたいと思う。

1) 600年前の宮古島の民家と竹富島の伝統的民家

次の写真（写真1、2）は、宮古島（沖縄）に残る600年前の住居である。これは、宮古島全体が大変貧しかった時代の住宅で、藁葺きの屋根と、土間床で構成された質素なものであるが、壁だけは石積みで、堅牢な造りになっている。

写真1・宮古島の600年前の住居

この住居を見ると、貧しい時代に優先させることは、居住家族の生命を台風から守るために最低限必要なシェルターとしての堅牢さであったことがわかる。
この宮古島の住居と竹富島（沖縄）の今も残る伝統的な民家とを比較すると面白い仮説が見えてくる。それは、宮古島の建築家・伊志嶺敏子によるもので、時代とともに、豊かさを手に入れていく段階での石積みの壁が外へ広がっていって、それが沖縄の伝統的な石垣となったのではないかという仮説である。

写真2・600年前の住居内部

この石垣への発展は、島民の暮らしを豊かなものへ変えたに違いない。住宅と石垣との間には、樹木が植えられ、台風への備えが強化され、一方で、外のアメニティ環境が充実していったのだろう。このように考えると、我々の先人達は、外へ外へと視点を移すことで、豊かさを増やしてきたのだろう。そして、こうした外環境づくりへと向かう住まいづくりの形式が街全体に波及することで、竹富島のような豊かな街並みが形成されてきたのだろう。

2) 水沢江刺の伝統的民家

写真3・水沢江刺の民家の外構

北国の集落でも、南国と全く同じ状況を確認することができる。次の写真(写真3)は、江戸時代に新田開発の入植者によって切り開かれた水沢江刺の伝統的民家である。

ここでの民家のスタイルが形成される生い立ちは、次のとおりである。まず、入植当時の住宅は粗末な小屋から始まる。広い荒野の中で、風を遮るものは何もなく、今のような断熱性能など考えられなかった住居を寒さから守るための機能として、小屋の裏に薪を積んで風除けとした。やがて、植えられた樹が大きくなって、防風林が仕上がると、その薪積みの当初の意味はなくなる。しかし、それは造園の形式美として伝承され、今でもこの地域独自の景観としてその名残りを残しているのである。

今日の造園やガーデニングは、趣味的な装飾として扱われている傾向が強いが、歴史的に見ると、それは、厳しい気候条件を克服し、室内の環境を良好に保つための仕掛けであり、その仕掛けが洗練されたスタイルとして完成されたものが、造園形式の原型となっていることが、南や北の集落を訪れるとよくわかる。そして、そうした個々の住人による外への働きかけが、豊かな街の環境を創造してきたのである。

3) 備瀬の伝統的集落と沖縄の現代都市

先人たちによる「豊かさ」の追求は、こうして美しい「外環境づくり」へと収斂していったという事実を確認できる素晴らしい事例が、沖縄・本部半島の備瀬という集落にある。

まず、下の写真(写真4)を見て頂きたい。

写真4・外からみた備瀬の集落

誰もが「これは森だ」と思うであろうが、実はこれは森ではなく、1軒1軒の家の単なる生け垣である(写真5)。敷地の四方を福木(フクギ)という木で囲んだおよそ300軒の家々が碁盤の目のように並び、その緑が延々と連なって森のように見えたのである。この森のような環境は、ここの住人に豊かな恵みをもたらしている。そのひとつは、連なった生け垣が見事な防風林の役目を果たし、台風の猛威から家を守っていることである。

写真5・備瀬の集落の内部

この集落の中にいるとさらに大きな恵みを感じることができる。それは、涼しさである。大量の樹木が空調装置として機能し、快適な気候をつくり出しているのである。そして、もうひとつの恵みは、サトウキビ畑を塩害から守る役割である。こうして見ると、備瀬での家をつくる行為は、単に建物をつくることではなく、環境をつくることであり、街並みをつくることであり、家族を守ることであり、耕作地面積を増やすことであるというように、すべてが連続的につながっていることがわかる。本来の環境共生というものは、単一機能としての環境をつくることではなく、すべてのものが連続していくものをいかにつくるかということがポイントだと、伝統的な集落を見ているとよく分かる。逆に現代の都市では、どうして伝統的な集落のような連続的な環境ができないのか、ということを考察してみたいと思う。備瀬の写真(写真6)と、現代の住宅地の写真(写真7)をよく比べてみると、現代の都市環境には連続的な豊かさが見えてこない。

その理由を理解すると、現代の環境形成に何が足りなくて、何が重要であるかが分かるはずである。いろいろな理由があると思うが、その根本的な理由は、住宅を成り立たせる技術の違いにあると、私は考えている。

備瀬の集落に残る住宅は、どれも木造である。木造住宅は、コンクリートに比べると構造的に弱いものなので、台風の猛威から家族を守るためには、建物単体では不十分で、建物全体を樹木で包み、さらに隣の住人とも強調し合いながら、防風林を形成することが必要であった。つまり、あの備瀬の美しい街並みは、弱い木造建築を補うための必然性から生まれたものなのである。

一方で、コンクリート住宅の場合は、構造的に強固なものなので、全く周囲の環境に依存することなく、建物単体で台風に対処することができる。こうした技術の進歩が、住まいづくりを、周囲との関係にとらわれることない自由で自分本位なものへと変えることになったのである。その住まい

づくりが、現代都市の調和のない街並みを生み出しているのだと思う。

写真6・備瀬の航空写真

写真7・現代の住宅地の航空写真

こうした沖縄での街並みの変化はいつ頃から始まったのかを推測してみると、1962年を境に、街が大きく変貌し始めたようである。62年に沖縄で何が起きたのか、それは、木造住宅の着工数を、コンクリート住宅が抜いた年である。この年以降、沖縄ではコンクリート住宅が主流となっていく。おそらく、60年頃までは、備瀬の集落のような「街の環境」と「個人の暮らし」との理想的な関係が続いていたのだろう。

沖縄において街の環境が荒廃し始めたのは、たかだかここ40年間の出来事なのである。そして、この傾向は、全国どの地域でも同じような状況で、おそらく60年以降、年を追うごとに、日本各地の街で急速に環境の荒廃が進みだしたのだろう。

2.「依存型共生」から「自立型孤立」へ

ここで、伝統的集落の世界と、現代都市の世界との違いを整理してみようと思う。

私は、備瀬のような伝統的な世界を「依存型共生」、現代都市のような世界を「自立型孤立」と呼んでいる。伝統的集落では、依存型の弱い技術力をベースにしているので必然的に共生関係が生まれ、自立型の強い技術の世界では、共生することの必然性が失われ、孤立化が進むという考えである。

「自立型孤立」の家がまちに蔓延していくとまちが住みにくくなっていくという図式が見てとれる。ヒートアイランド現象はまさにその「自立型孤立」が生み出した副産物と言えるであろう。外は居心地が悪くなり、ますます内にこもるようになり、内を快適にするためにさらに閉じこもるというジレンマが現代都市では起こっている。

こうしたジレンマから抜け出さない限り、都市の環境を再生する手立ては見つからない。では、どうすればよいか。技術の進歩を批判して、「依存型共生」の世界を追及すべきだと主張しても、全く意味をなさないであろう。技術の進歩が、「依存」から「自立」へと、私たちのライフスタイルを進化させた。一度進化したものを元に戻すことはできない。自立型の技術をベースに、もう一度、備瀬のような環境がつくれるかどうかが、今、問われているのである。

それは、新たな価値観である「自立型共生」という青写真につながる。私は、この「自立型共生」をめざすという個人個人にとっての戦略が、これからの都市環境再生を図るために有効だと考えている。この戦略のシナリオを構築できたとき、個人の住まいづくりという私的なうごめきがまちの環境を変えていくということが可能になると思っている。そういった意味で、「自立型共生」というのは、「自立型孤立」という閉塞した世界の次に来る新しいパラダイムであると思っている。

3.「自立型共生」へのパラダイムシフト

パラダイムシフトのテーマは「自立型共生」である。それはどういうプロセスで実現するのか、「複雑系」（Complexity system）という観点から考えてみたいと思う。よく見かける街の状況を見てみよう。

左の豊かな屋敷林で冷気が生成され、その冷気がにじみ出してきても、その空気は道路面の熱による上昇気流によってあおられ、決して右側の住宅へは入ってこない状

況となっている。(写真8、図1)

写真8・緑豊かな敷地と新しいマンション
図1・写真8の敷地同士の関係

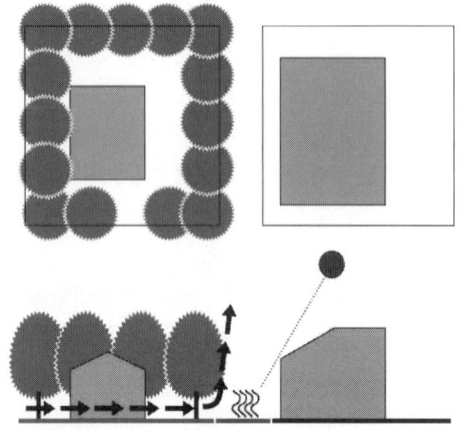

これを変えるにはどうすればよいか、次のように考えると、右側の住人の暮らしは具体的に改善されることになる。それは、下のイラストのように、右側の家の北側に、左側の屋敷の樹木と同じレベルの木を植えるというものである。(図2)

図2・改善案

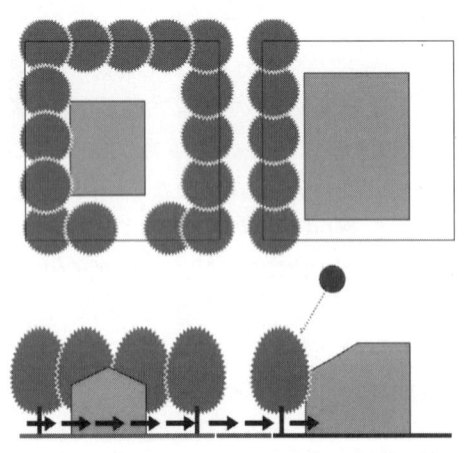

そのことにより、屋敷で生成された冷気は右側の敷地へつながり、窓を開けたときには、涼しい空気が入ってくるようになる。都市部において、特別な人間関係がなくても、プランの中にきっちりと環境ポテンシャルのキャッチボールができるような関係をつくり込むと、お互いの相互作用が始まる。

また、例えば下のイラストのような緑豊かな公園に接した住戸の場合、A住戸は何もしていなければ、公園で生成される冷気の恩恵を受けることができない状況にある。(図3)

図3・公園と、隣接した住宅の関係

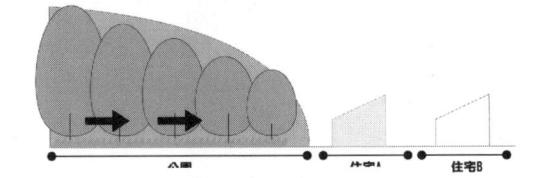

この場合の改善策は、例えば下のイラストのように、A住戸全体が公園の一部に取り込まれてしまうようにプランすることである(図4)。そうした場合、A住戸は公園の中に家を建てた場合と同じような環境ポテンシャルを享受することができる。

図4・改善案

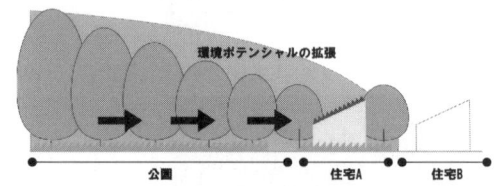

A住戸がここまでやると、Aに隣接するB住戸は同じように自分の敷地内でAと同じ対応をすることで、公園のポテンシャルを自分の敷地まで導入することができるわけである。というように、街の環境再生を考える時は、街全体を変えるのではなくて、個々の住宅の中にそういった環境ポテンシャルの拡張子を入れていくということが重要なのである。

図5・公園と、周囲の住宅との関係

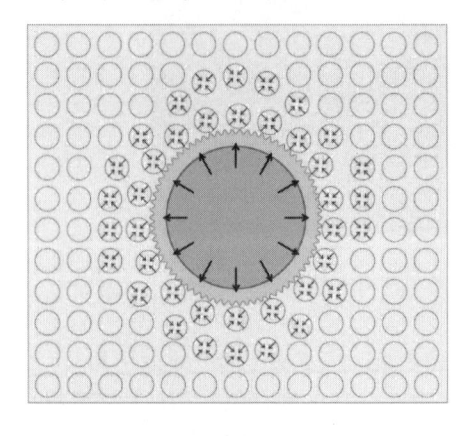

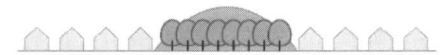

例えば下のイラストのように、街の真ん中に公園があったとする。周りに家があって、その周りの家がすべて閉鎖的な自己完結的な生活をしている限りにおいては、その家の存在自身が阻害要因となって、公園のポテンシャルを街に広げることを阻むことになる。(図5)

しかし、右上のイラストのように、先ほどのA住戸のような家をつくることで公園のポテンシャルを自分の敷地まで拡張するというスタイルの家をつくったとする。さらにBという住戸がそれに倣ったとする。そういう住戸がA、B、C、Dといくつか増えていくと、その家づくりが公園のポテンシャルを街へどんどん拡張することになる。(図6)
そういう考え方があれば、個々の住宅づくりという振る舞いを通して街全体のポテンシャルを上げていくことが可能となるはずである。結果として街全体が一つの大きな環境の装置に変わっていき、個人の豊かさが高まっていくと、その個人個人の利益がインセンティブとなり、その街の環境は自動的に再生していくこととなる。

図6・環境拡張子としての家づくり

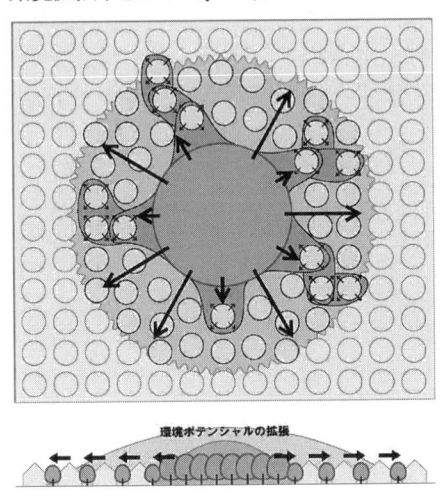

4. 複雑な系を成す「街づくり」へ

このように、「街の環境」と「個人の暮らし」との関係性を再構築し、現代の都市の環境を再生するストーリーは、複雑系の考え方を街づくりに応用することで可能ではないかと思っている。

複雑系の定義は、次のようなものである。「無数の構成要素から成るひとまとまりの集団で、各要素が他の集団と絶えず相互作用を行っている結果、全体として見れば部分の動きの総和以上の何らかの独自のふるまいを示すもの」を複雑系と言う。 街というのは実は複雑な系を成すはずである。複雑な系を成したときに、豊かな街並みが生まれるという事例が備瀬である。備瀬のあの集落は生物の細胞のような美しい形をしているが、必然的にそういう形になっていくのは、個々の家づくりが勝手な振る舞いをしているが、それがある相互作用を及ぼしてあって、それが絶えず繰り返されることで自動的に全体が生まれてきたのだと考えられる。

複雑系というのは次の五つのプロセスを踏むと言われている。「1. 各要素があくまでも各自のルールで振る舞う。」要するに自立しているということである。ただし、「2. 各要素は自立しているけれども必ず相互作用を持つ。」」「3. 各要素から成る系は相互作用が生まれてくると、それが全体としてある振る舞いをするようになる。」「4. 全体としての振る舞いが今度は各要素の相互作用の仕方に影響を及ぼす。」そうすると結果として、「5. 一つずつの要素からは決して想像することができないような全体としての新しい性質が生まれてくる」というのが、複雑系による創発のプロセスである。

都市というのは実は複雑な系であるべきである。しかし、その系を成さないようにしているのは何かというと「自立型孤立」といった状況である。各住宅がすべて閉ざされている「自立型孤立」という状況は、個々の住宅が隣の住宅に対してまったく相互作用を及ぼさない状況である。相互作用がなければ、複雑な系は生まれない。 これからの街づくりを考える場合、街づくりが複雑系の系を成すように働きかけをすべきである。その考え方の逆を行く方法が、自治体がよく計画するマスタープランである。それはハードでしかなく、ハードを全体としてのプログラムで規制するわけである。そうするとぎこちない環境しか生まれない。

そうではなく、あくまでも個人を自由に振る舞わせることが重要なのである。そのかわり、個々の振る舞いの相互作用がお互いに得だという状況を明確にする必要がある。そのことによって、Aという住宅が生まれ、Bという住宅が生まれ、それぞれがあたかもキャッチボールのように豊かさを増幅させる。最初のうちはとてもゆっくりなスピードかもしれないし、意図的にある設計士がプロデューサーとして関与しなければならないかもしれない。しかし、A、B、Cとそういった家が徐々に増え、あるレベルになったときに、その後は自動的に誰もがそれに従うようになるという場面が生まれてくる。それが複雑系という観点からの街づくりの考え方である。

自然緩急復元研究 2(1): 65-74,(2004)

総 説 REVIEW

中小規模開発におけるオムニスケープジオロジー
－その概念と手法－

吉川 宏一[1]
吉川エンジニアリング株式会社
大野 博之
長崎大学・工学部社会開発工学科[2]

KOUICHI KIKKAWA and HIROYUKI OHNO: Omniscape Geology for Medium-small Scale Development - The Concept and the Method -

概要：近年，環境影響評価法の施行に伴い，建設事業においても自然環境を保全・創出することが求められるようになり，自然環境に配慮した事業が実施されるようになってきた．しかしながら，中小規模事業には本法律は適用されないが，より住民にとって身近な開発であるのもこの規模の事業である．従って，中小規模事業の成否が自然環境の保全・復元に結びつくことになると考えられるが，このための具体的方策が確立されているとはいえないのが現状である．
　ここでは，こうした背景を受け，大規模開発の観点とは異なるオムニスケープジオロジーの考え方を導入した環境復元の概念と調査・評価の具体的な手法について述べる．

Abstract: Recently, there are a lot of construction projects considering the natural environment. Because, in the construction project, it is requested to maintain and to create the natural environment, along with the enforcement of the Environmental Impact Assessment Law. The project of a medium-small scale is familiar development for the resident. However, this law is not applied to the medium-small scale project. The natural environment in the project region is greatly affected by the medium-small scale development. Therefore, it is necessary to establish a concrete method of evaluating these projects. In this paper, the concept of the environmental reconstruction which considers the idea of an omniscape geology different from the viewpoint of large-scale development is described. And, a concrete technique of the investigation and evaluation in the omniscape geology is examined

キーワード：オムニスケープジオロジー　中小規模開発　自然復元　総合的環境評価
Keywords: Omniscape geology, Medium-small scale development, Natural restoration, Integrated environment evaluation

1. はじめに

　アジェンダ21を契機として、建設事業においてもそれまでの利便性・安全性に加えて、環境の保全・創出が重要な目的の一つとなってきた。近年、平成9年の河川法の改正、その後の環境影響評価法の制定等を通じ、環境の保全・創出は無くてはならないものにまでなりつつある。建設事業はその規模の大小に関わらず、環境にインパクトを与えることになるため、何らかの環境保全・創出が必要となることは言うまでもない。

---

[1] 〒421-2118　静岡県静岡市内牧129-9、Kikkawa Engineering Co. Ltd, 129-9 Uchimaki, Shizuoka 421-2118, Japan
[2] 〒852-8521　長崎県長崎市文教町1-14、Nagasaki University, 1-14 Bunkyo-machi, Nagasaki 852-8521, Japan

中小規模開発におけるオムニスケープジオロジー

1987年世界に先駆けて制定されたアメリカの環境条例で、ミティゲーションの言葉が使われている。そこでは、ミティゲーションを「軽減(reduction)」「最小化(minimization)」「回避(avoidance)」「矯正(rectifying)」「代償(compensation)」の5つの観点からなるものとして捉え、開発事業の環境へのインパクトをなるべく小さくする方法を示している。近年では、こうしたミティゲーションの考え方が、アメリカだけでなくヨーロッパ、特にドイツやスイスなどで大きく取り上げられ、近自然工法をはじめとした各種のミティゲーション手法がとられるようになってきた。我が国においても建設白書に見られるように、事業の実施にあたって、適切な環境影響評価に努めるとともに、優れた自然環境をできるだけ保全し、環境への影響の回避、軽減，解消に努めるほか、再自然化などのミティゲーションも積極的に推進するようになってきている。

こうしたミティゲーションが建設事業においても重要となってきたことは言うまでもなく、河川法に代表されるように事業の目的の一つになっている。しかし、もともと治水三法と呼ばれる河川法・森林法・砂防法は明治時代の荒廃山地に対応する形で生まれたと言われ、砂防事業の初期に行われたのは、植栽を主体とした緑化工であった。つまり、理念としては、災害を防ぐことと環境悪化を防ぐことが同じ土俵上にあったといえる。災害を防ぐことは短い時間スケールへの対応であるが、環境悪化を防ぐことは長い時間スケールへの対応である。つまり、時間スケールが異なるだけで目的とすることは同じこととも言える。

近年の傾向として、人間の生命・財産を守ることよりも生態系を守ることのほうが重要とするような極端な考え方が横行する場合が見受けられる。しかし、これは前述のような観点からも相容れない考え方といえよう。人間の生命財産を守ることができれば生態系を考慮しなくても良いという考え方も極論ではあるが、生態系を守ることができれば人間の生命は考えないというのも極論である。「人間の生命財産を守ることが生態系を守ることであり、生態系を守ることが人間の生命財産を守ることである」という相互扶助の考え方に立つ必要がある。環境を生態系だけでなく総合的に捉えることは、このような相互扶助的な環境を扱うのには必要な概念となる。

建設事業では、①住民との対話の重要性、②住民との信頼関係成立後における現場施工の順調さ、③完成後においてそれが住民の生活の一部を担うということ、などが必要不可欠のものとなる。特に中小規模の土木施工においてはその観が強く、経済的・社会的に住民生活に直接影響することが多い。

地域の最小のインフラ整備を実施するには、地域住民のそれへの理解と環境教育の場作りが重要となる。さらに、一歩進んで、その地域に現在失われつつある地域固有の生態系を住民と共に把握し、自然環境復元に向けたミティゲーションを行い、昔のような里山的維持管理をしなければ、地域固有の自然環境は帰化生物等(植物、動物、魚類)に駆逐され、日本の生態系が失われていく危険性を有している。

環境影響評価法の対象としている事業は大規模のものが多く、中小規模のものは対象外である。そのために、乱開発につながる可能性もあるが、より住民に身近な事業であり、これら中小規模の事業に対する環境評価も、大規模事業にも増して重要となる。しかしながら、環境評価の手法は確立されていないのが現状である。

本論文では、以上の観点より、オムニスケープジオロジーの観点を取り入れた、これからの総合的な環境評価のあり方について論じる。

2. オムニスケープジオロジー

(1) ランドスケープからオムニスケープへ

自然環境の保全や復元を実施する場合、あるいは実施した場合、その保全・復元した環境が事業実施前後でどのように変化したのかを捉えることが、最終的にはその実施事業の成否を決定する要因となる。特に、復元は代償ミティゲーションで言うところのインカインドとアウトオブカインドの両方を実施することであり、そのため単なる保全(主にインカインド)とは異なりその成果を評価することがより重要となる。

こうした事業の良し悪しを評価するものとしては、第一義的に捉えるものとして見栄えとしての景観(ランドスケープ)がある。これはこれで一つの重要な評価要素となるが、これだけでは不十分である。

一般に景観(ランドスケープ)と言うと、日本では、国語辞典にも見られるように「見るだけの価値をもった特徴のある鑑賞に堪ええる自然物の眺め」と示されており、ものの見栄えとして捉えがちであり、一般に使われている環境よりも意味が狭くなる。

しかし、ドイツのブロックハウスの生物学事典では、「景観とは景観要素＝エコトープ(フィジオトープ＋ビオトープ)からなる」としている。ここで、フィジオトープは無機的世界であり、ビオトープは生物と人間の世界を指すものであるから、景観とは人間生態系そのものを意味する。また、シュミットヒューゼンは、「景観は地域の一部といったものではない。それは単なる自然条件を指すのではなく、無機的な自然、生物、人間の全体を意味する。人間の影響を除外したら、それは単なる自然現象であって、景観ではない。景観とは、人間の影響やその歴史を含む地圏や生物圏の構造や動態

のすべてである」と述べている。このように捉えていくと、景観は環境の概念を越えたものとなっていることになる。日本では、こうした人間の感覚や心の領域、自然や文化を含めた広い意味の景観を、従来の景観とは区別して、景相(オムニスケープ)と読んでいる。

最近の傾向として、「環境評価＝生態系評価(この生態系の中には、本来生物の一種である人間は入ってこない)」として捉えるようになってきている。特に日本ではこの傾向が強くなりすぎ、持続可能な社会をつくることの本質を忘れがちな傾向がある。持続可能な社会というのは人間が存続できる世界をつくることであり、ワールドロップ(2000)が述べているように生態系の保全・創出だけでは済まされないものである。これでは、これまでのランドスケープが生態系(別の言い方をすればビオトープ)に変わっただけであり、本当の意味の持続可能な社会づくりには結びつかず、より広い観点で捉えることがきわめて重要となる。

本来、自然復元によって創出された環境や保全によって保たれた環境を評価すると言うことは、ここで示した景相を評価することにほかならない。すなわち、生態系の評価以外に無機的な自然の評価(地形・地質的な評価)、人間自身や人間社会の評価(風土的な評価や経済的な評価など)をも評価することが、持続可能な社会を確立するために求められる環境の評価であると考えられる。従って、自然環境の保全・復元によって得られた環境を景相であるオムニスケープとして捉え、その評価を客観的に行うことが必要となる。

以上のことから、本論では、自然環境をより広い意味でオムニスケープとして捉え検討することにする。

(2) オムニスケープジオロジー

保全・復元した環境をオムニスケープの観点から評価するには、具体的にどのように考え、どのような手法を用いればよいのだろうか。この環境評価の具体的方策として、最近提唱されているオムニスケープジオロジーに見られる考え方・手法が参考になる。これは以下に示すようなものである。

近年、環境意識の向上と産業構造の変革が求められるようになり、持続可能な社会を目指した取り組みが増してきている。この背景には、人間の生存を脅かしつつあるグローバルな環境問題が存在することは言うまでもない。人間の生存期間を長く保つための目標が持続可能な社会をつくることに他ならない。人間の生存を脅かさないようにする、という観点においては環境問題の解決と同時に防災への取り組みも重要なテーマとなる。時間的スケールで考えると、長期的な観点からの人間の生命財産の保全が自然環境の保全対策であり、短期的な観点からの人間の生命財産の保全が防災対策である。すなわち、持続可能な社会をつくることは、環境の保全・創出と同時に防災にも取り組むことを意味している。

最近、環境問題だけでなく防災の問題をも含めた領域として、景観地質(オムニスケープジオロジー：Omniscape geology)という分野も提唱されるようになってきた。しかしながら、オムニスケープジオロジーとしての概念のみが先行し、具体的な方策などについては十分に確立されているとは言えない。むしろこれから発展させていかなければならない分野の一つと言えそうである。

大野(2001)によれば、オムニスケープジオロジーとは「持続可能な社会をつくるための環境に主眼をおいた地球の現象を学ぶ学問」として位置付けられている。持続可能な社会を築くために、環境へのインパクトを最小限に抑えた社会、丈夫で適応力がありすぐに立ち直りのできる社会(つまりは防災である)、そして全ての人に利便性の高い社会をつくることが求められている。この基礎学問の一つがオムニスケープジオロジーであり、そこにはこれまでの環境地質学的観点に加え、生態学的観点と社会学的観点が付加される。つまり、景観を日本的な狭い意味で捉えるのでなく、「人間の影響やその歴史を含む地圏や生物圏の構造や動態すべて」によって成立するものとして捉えている。

こうした概念は、言葉にすると簡単であるが、実際の検討と言う観点にたつと、非常に難しい要求を含んでいる。20世紀型の土木技術的な対象に、地圏としての広がりと人間を含む生物圏としての広がりを持たせた総合学問に発展させることを求めているからである。そこには、これまでのやや狭い学問領域の観点だけではない広い視野が必要となる。

20世紀の後半から、地生態学(景観・地生態学という呼び方もする)などこれまでの学問領域を越えた総合的・学際的な学問がこれまで以上に提唱され、発展しだしてきている。そうした流れは今後も続くと思われるが、このような学問の流れは、環境の保全や各種の防災が注目を浴びるような昨今の社会情勢の変化を反映している。稲垣(2001)などが指摘しているように環境や防災を取り扱うにあたっては、対象となる現象を、自然科学的観点や社会科学的観点から捉え、それらの結果を総合的に判断しないと適切な解(対処法)が生まれないためである。

オムニスケープジオロジーは、地生態学に似たような学問であると捉えられるが、あくまでも地盤・岩盤を中心に据えた学問としての確立を目指すものであり、地理学からの派生の地生態学とは異なる。そして、持続可能な社会の発展に貢献する学問として、環境問題だけでなく、防災問題をも対象に含んでいる(図－1)。

図-1 オムニスケープジオロジーの概念

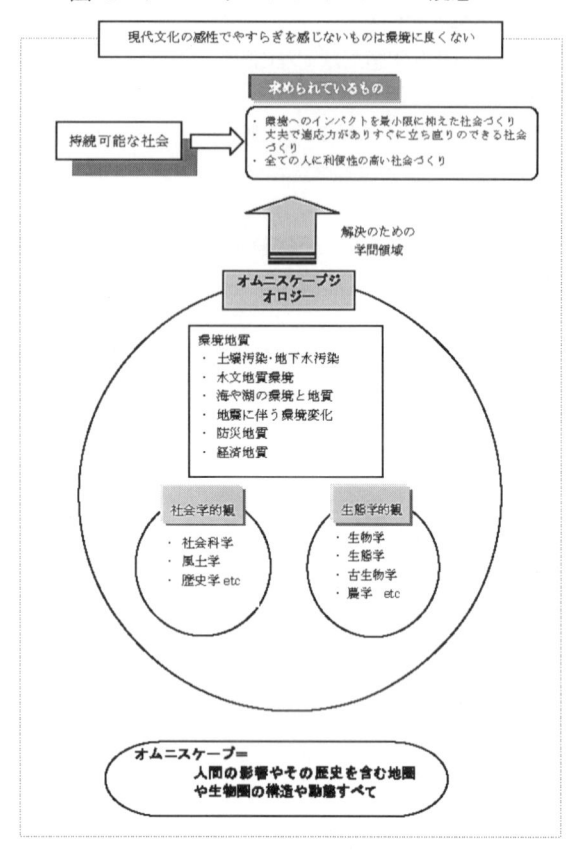

地生態学など、これまでの何らかの専門分野の学問を基礎として、環境や防災を総合的に扱おうとする動きは、21世紀の社会に対してより役に立つ学問の確立を目指していることに他ならない。応用地質学をはじめとした地質分野の学問は、大学教育の学科からもなくなり衰退の一途をたどっているようにも見える。しかし、稲垣・小坂(2001)などが火山地域を例として示しているように地質分野を理解していないと判らない環境・防災問題というのは数多く存在するのも事実である。

生物の生息空間であるビオトープをつくることは、生物そのものが地面やその近傍に生息するため、地盤をどのように取り扱うかと言うことが大きな問題となる。つまり、環境分野を扱う場合においても、生物の知識だけでは対処できず、地質学的な観点が必要になる。

一方、急峻な斜面等の道路防災においても、地盤・岩盤を理解していることが前提となる。言うまでもないが、どのような災害が起きる可能性があるのかといったことを捉えるためには地質学的な観点が必要となる。もちろん、基礎となるこの地質学的観点だけでなく、工学的観点や社会学的観点を取り入れて、防災問題を取り扱わなければならない。このように、環境や防災問題を扱う場合には、地質学的観点を基礎とした総合的な対処法が必要となる。オムニスケープジオロジーの必要性はそこにある。

このように捉える学問としてオムニスケープジオロジーが存在し、その具体的な観点として以下の6つが挙げられる。

① 地形・地質・気象・水文学的な観点
② 生態学的な観点
③ 防災上の観点
④ ランドスケープ(見栄えとしての景観)の観点
⑤ 社会学的な観点(歴史・風土なども含む)
⑥ 経済学的な観点

オムニスケープジオロジー的な観点から環境を評価するということは、以上の6つの観点のそれぞれを評価し、その結果を客観的かつ総合的に捉えることである。この意味で、これまでの環境影響評価の枠を超えており、より総合的な戦略的環境アセスメントに近いものである。しかし、この戦略的環境アセスメントは、公共事業やその関連の事業に対する国としての総合戦略的なものとしての意味合いが強く、民間の事業や中小規模の事業までは対象としていないところがある。

本論で検討しようとする評価法は、中小規模の事業である。従って、戦略的環境アセスメントとは別の評価法を考える必要がある。オムニスケープジオロジー的な環境評価(別の言い方をすれば総合的環境評価)に筆者らが着目したのはこうした背景によるものである。

3. 総合的な環境評価手法

ここでは、前述したオムニスケープジオロジーの概念から示される6つの観点について、それぞれ具体的にどのような手法で調査・検討・評価するのかについて述べるとともに、最終的な総合評価の方法についても検討する。

(1) 地形・地質・気象・水文学的な観点

自然環境の地形・地質・気象・水文学的な観点とは、すなわち無機的な自然の観点から検討することを意味する。そこには、水文学のように気象的な影響や地下水学的な影響も含んでいる。樹木などの植生の活動は、日のあたる場所であるかどうか、雨が適度に降る場所であるかどうか、地盤変動のある場所であるかどうかなどによって変化する。従って、地形・地質・気象・水文学的な観点の検討を行うと言うことは、間接的に生態学的な観点の検討にも影響してくることになる。

この観点では、現地調査や資料収集により、地形・

地質の特徴を捉え，資料収集等により気象・水文学的な特徴を捉える。ここでの特徴の把握が，生態学的な観点，防災上の観点の判断材料となり，この観点独自での評価は行いにくい。

例えば，図-2にあるように，地形・地質的な観点と気象・水文学的観点から対象地が本来どのような場であるのかを把握する。この例では，本来地形地質的に礫河原を形成する河川で，数年に1回程度の大雨で河川敷の一部が冠水する地域であることを把握した。

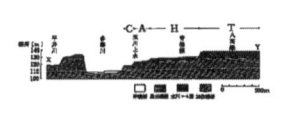

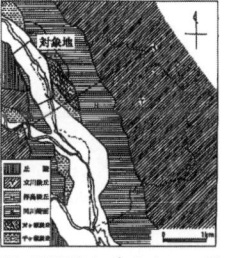

図-2 地形・地質の観点の検討例(小倉ら(2003))

(2)生態学的な観点

生態学的評価としては，生物種毎の現存量などからの判断が挙げられる。これは，事業前後で確認された生物種の増減，生物種毎の現存量の増減などを捉えることで，生態系を評価しようとする方法である(各種の生物の総合的な調査の例としては小倉ら(2003)などが挙げられる)。この調査は，対象地の現地調査による方法であるが，調査時期に留意しないと本来その場に存在する種を観測・計測できない，と言うようなことになる場合もあるので注意が必要である。

さらに，近年は湿地帯などを対象にしたHEP(ハビタット評価手続き)などの手法で，定量的に生態系を評価する場合もある(森本・亀山(2001))。HEPはアメリカにおける生態系の評価に広く利用されており，HU(ハビタットユニット)を求めるためのハビタット変数と適正指数(SI)グラフが各種の生物種に対して設定されており，事業前後のHUの算出が可能となっている。しかし，日本固有の種に対するSIグラフは未だ存在せず，日本では実用に供していないようである。なお，この場合も対象地における現地調査が必要であることは言うまでもない。この他にも，WETやPERBSIMなどの方法が開発されている。

この一方で，植生などの現存量の把握について，リモートセンシング技術などを用いて把握するような技術開発も行われるなど(斎藤ら(2001)など)，より広範囲に且つ定量的な生態の評価の試みが続けられている。

以上のことから，現状では，現地調査による現存量調査が有効な手段であると考えられる。

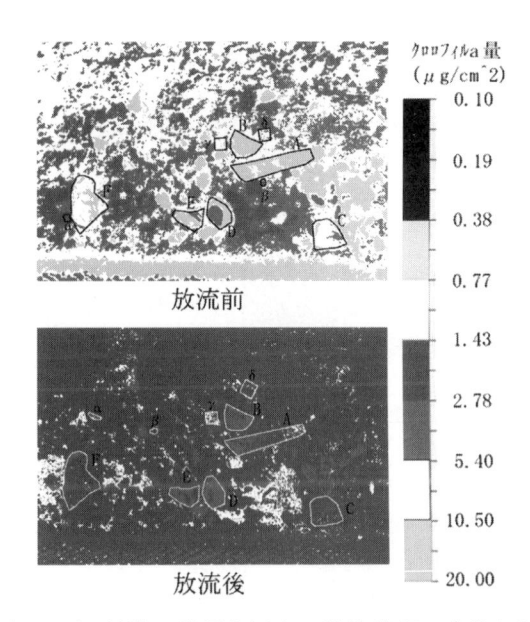

図-3 ダム放流の効果を河床の付着藻類の変化から評価した例(斎藤ら(2001))

(3)防災上の観点

防災上の観点からは，従来から力学的観点を基礎として多くの検討・評価が行われている。それらは，各種の対策工などのハード面では，河川工学，海岸工学や地盤工学などを基にした安全性・安定性の検討である。これについては，いくつもの参考資料が提供されているので，ここで改めて示すまでもないことと思われる。

この防災上の観点では，図-4 に示すような検討がなされる。すなわち，河川の場合には，その治水安全性を，数値解析等により求める。数値シミュレーションとしては，FEMなどの手法が多く用いられている。

ただし，検討対象によってはこうした防災上の観点は必要ない場合もある。

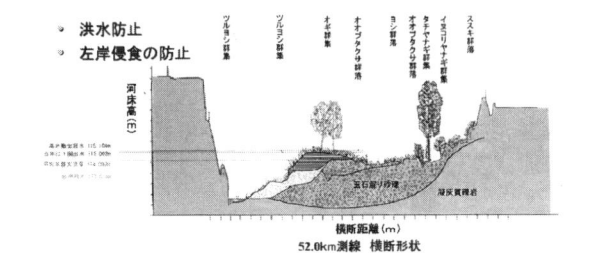

図-4 防災上の観点から検討例

(4)ランドスケープの観点

自然環境は，地形・地質的な点，気象・気候的な点などに影響されて地域固有のものを形成し，そこには地域固有の多様性を持った生態系が存在する。こうした地球科学的な状況が自然環境に影響を及ぼし，狭い意味での景観(見てくれとしての景観であり，以

降,ランドスケープと呼ぶ)を形成することになる。
　こうしたランドスケープの評価は,アンケートなどによる手法がこれまで主流であった。順位法によって良好なランドスケープを抽出したり,SD法によって地域のランドスケープの特徴を分析したり(岩下(1983)など)といった手法がそれである。

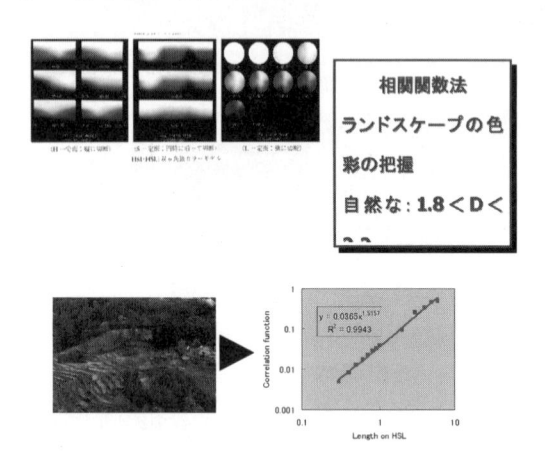

図-5　ランドスケープの検討の例(吉川・大野他(2003))

　これに対して,近年,大野ら(2002)や吉川・大野他(2003)などにより,ランドスケープの色彩と形状の観点から,フラクタル解析を用いることで,そのランドスケープの特徴を捉える手法が提示されている。この方法は,とかく定性的になりがちであるランドスケープの特徴を,見た目の観点から定量化できる手法として有効である。この例を図-5に示す。

(5)社会学的な観点
　社会・風土的な評価についても,地形・地質学的な評価などと同様に確立されたものがあるわけではない。人間の歴史的な背景やその地域の文化・風土を重視しなければならない,と言うことは言われているが,その技術的な手法は確立されておらず,定性的に述べられているに過ぎないのが現状である。
　社会・風土的な面は,外面的には風景や景観として現れる。この意味では,ランドスケープの観点での評価が有効になるが,社会・風土の内面的な観点は,ランドスケープの観点からの評価は難しい。ここで利用できるのが文化人類学から発展したKJ法と呼ばれる手法である(川喜田(1966))。この手法は,地域の問題や気付いた点を複数の住民を交えてラベルに示し,そのラベルをグループ分けして,地域の特徴や問題点を整理していく方法である。こうした整理により,それまで気付かなかった特徴や問題点が明確になることがあり,社会・風土的な特徴や問題点の明確化に有効な手法である。事業実施にあたっては,こうした手法も取り入れる必要があろう。

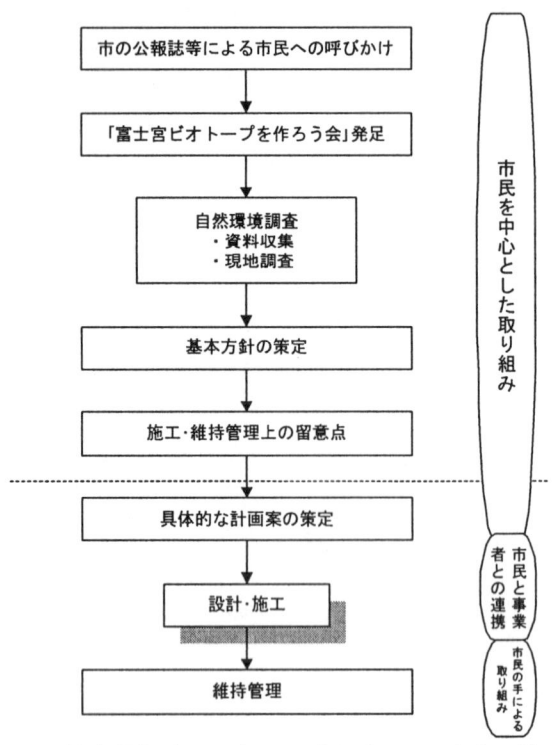

図-6　社会的観点から市民活動を取り入れ事業の流れの例(吉川(2002))

　さらに,この社会学的な観点はその地域に入り込み,より良い維持管理の促進を図るためにも必要な観点である。特に,ワークショップのような活動やNPO活動など,開発対象地域の社会状況を考慮し,実際の事業実施後の体制も含めた評価をここで行うことができれば,円滑な事業推進に役立つ。このためには,実際にその地域で行われている活動を調査し,その活動団体との話し合いを通じ連携を模索することが必要となる。また,地域によってはそうした活動が行われていない場合もあり,その場合には事業者側などからの働きかけが必要となる。この働きかけは,その時期には手間が掛かるが,事業実施にあたっての反対運動の抑制と事業の円滑な進行,事業実施後の容易な維持管理を促進することにつながるので,この時点で手間を惜しむべきではない。

(6)経済学的な観点
　何らかの事業を実施するにあたっては、計画学的な観点からその事業を評価することが行われる。その場合,防災と生態系などの自然環境を含めた経済的な費用対効果を検討することが挙げられる。
　防災については,従来からの実際に対策をした場合の費用とその効果を検討すればよい。これに対して,自然環境を経済的に評価することは,一見難しそうに見える。しかしながら,環境の変化は消費者の効

用に何らかの影響を及ぼすと考えられ，その観点からは，そこに環境に対する支払意志額（WTP：Willingness to Pay）を定義することが可能となる。自然環境の経済的評価とは，この環境に対するWTPを実際に計測することである。

自然環境の経済的評価には，いくつかの方法が提案され，各種の県境や報告がなされ，実際の裁判資料として用いられた例がアメリカなどにある。大きく分けると「顕示選好法」と「表明選好法」に分けられる。顕示選好法は，人々の実際の経済行動から得られるデータ（市場データなど）を基にして，間接的に環境の価値を評価する方法であり，代表的なものとして，「ヘドニック法」や「トラベルコスト法」がある。これに対して，表明選好法は，人々の環境に対する支払意思額WTPを直接尋ねることで環境の価値を評価する方法で，「CVM(Contingent Valuation Method)」や「コンジョイント分析」などの方法が提案されている。

この中で，特に CVM は，アンケート調査などにおいて，提供されている環境サービスの量的減少または質的低下を避けるために最大限その当事者が支払っても良いと考える金額，すなわち支払意志額（WTP），あるいは，その変化を受忍する代わりに最低限保証してほしいと考える金額，すなわち受取意志額（WTA）を，直接あるいは間接的に質問することにより，そのサービスの貨幣的評価を行う手法である（栗山(1997)など）。

CVM は支払意志額(WTP)や受取意志額(WTA)の聞き方によりバイアスが生じ信頼のおける額を捉えることが難しい。例えば，自由回答形式のように金額が提示されていないと，被験者が回答しにくく無回答が増える。また，付け値ゲーム形式というものは，ある提示額に対する支払意志を質問し，被験者が Yes と答えたらさらに高い金額を提示して，No と答えるまで繰り返す形式であるが，この調査は手間がかかることと，初期バイアス（はじめの提示額が結果として得られるWTPに影響を及ぼすバイアス）と呼ばれる欠点がある。さらに，支払カード形式と呼ばれる金額の記されたカードを被験者に提示し，被験者が払っても良いとする最大限の金額を選択させる形式もあるが，この場合には範囲バイアスと呼ばれるものが存在してしまう。これに対して，二肢選択形式は，通常の私的財の購買行動に類似するため被験者が回答しやすいが，自分自身のWTPを十分に考えずにyesとしてしまう賛成バイアスが存在するとともに，WTPの推定値を導出するためにより多くの観測値を必要とするため非効率になる。この二肢選択形式の非効率性を解消したのが二段階二肢選択形式と呼ばれる方法であり，最近多く実施されるようになってきた。

この二段階二肢選択形式は，まずいくつかの提示額のうちの一つを被験者に提示し，被験者の支払意志を質問する。そして，支払う意志がある被験者にはさらに高い額を提示し，支払う意志がない被験者にはさらに低い額を提示して支払い意思を尋ねる方法である。

なお，CVM の実施にあたっては以下に示す点に留意する必要がある。

① WTPやWTAを求めるにあたって、アンケート結果の分布の平均値を採用するのではなく中央値をその代表値とする。
② アンケート調査の提示金額は 4 種類以上のグループに分けて、それぞれのグループ毎に実施する。
③ 統計的には、各グループ 50 名程度以上、全体で 200 名以上を調査対象者とする必要がある。

この二段階二肢選択形式のCVMの例を図-7に示す。この図に示すような質問を行い，そこから得られた回答をもとにデータを統計的に処理し，そこから平均的なWTPを求めていくのが，CVMである。

質問例

　○○の事業実施にあたり、自然環境を保全するために、「□□基金」というものが創設されたとします。
　ここで質問です。自然環境を保全するためには、この基金に対して、あなたの世帯に一口△△円の負担をしていただく必要があります。あなたはこの方法で、自然環境を保全することに賛成ですか。それとも反対ですか。

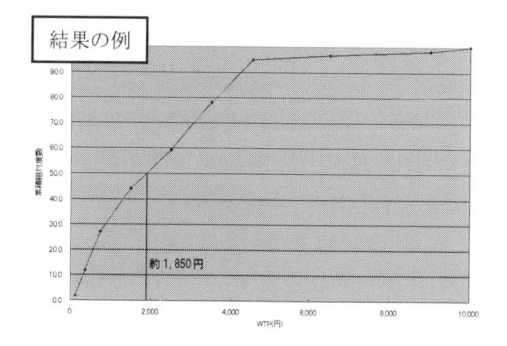

結果の例

約 1,850 円

図-7 CVMによる質問と結果の例

そして，経済的な評価として，ここで求められたWTPを用いて，費用便益分析を行えば，その事業の評価を行うことになる．CVM によって求められた WTP はその事業の便益である。ここで，WTP は1世帯当りの便益であるので，事業の影響を受ける地域の全世帯を掛けることで全体の便益が求められる（便益は，この他にその事業から得られる利益なども換算するが，自然復元等では，そこから得られる利益はごく僅かであるか，その事業による効果としての利益を評価しにくいので，利益換算をしない場合も多い）。これに対して，費用は，その事業に掛かる全体の費用（建設費や維持管理費など）を見積もることでを求めることができる。

ここで，事業の価値を評価するために，以下に示すような費用便益基準などを導入する。

便益費用比 BCR＝B／C
純現在価値 NPV＝B－C
ここで，B：全ての便益，C：全ての費用

これらの費用便益基準から，事業の経済的か観点からの評価を行うが，BCR＞1又はNPV＞0であるならばその事業を実施する価値が経済的にはあると考えることができる。

以上のような方法で，経済学的な観点を検討すれば，実施しようとする事業をある程度検討・評価することが可能となる。

(7)総合評価

以上の観点を総合して，事業の評価を行うのが総合評価である。この総合評価では，都市・地域計画学の分野では良く行われる評価手法が参考になる。

代表的な評価手法としては，インパクトスタディーにおける前後比較法(事業の実施前と実施後の比較検討)や地域比較法(事業計画対象地域と類似の地域の状況を検討)，前述のそれぞれの観点に評価点をつけて比較検討するプロフィール法やこのプロフィール法の評価項目ごとに重みをつけた重み付き総合評価法などがあり，これらによって総合評価を行い，実施しようとする事業の最終的な評価を行う。

なお，重み付き総合評価法では，評価しようとする項目(ここでは，地形・地質・気象・水文学的な観点，生態学的な観点，防災上の観点，ランドスケープの観点，社会学的な観点，経済学的な観点の6項目)毎に重みをどうつけるのかが問題となる。これには，地域住民の意識調査により直接的に設定する方法やAHP法などがある(樗木(2001))など)。

ただし，総合評価を行う場合，それぞれの観点について具体的な数値で表す必要が出てくるが，具体的な数値にしにくい観点(地形・地質・気象・水文学的な観点)もあり総合評価も一概には評価しにくいという部分もある。しかし，何らかの形で評価しなければならないという現状を考えれば，こうした不十分さも踏まえながら総合評価を行う必要がある。

4. オムニスケープジオロジー的評価の事例

前述したような観点から，事業を実施する場合に評価を行うが，ここでは，最近示されたオムニスケープジオロジー的な観点からの研究例を以下に示す。

(1) ネパールと四国の比較

吉川ら(2003)が示したネパールと四国の比較は，ネパールにおける斜面問題である。ネパールは日本と同じ山岳国であるが，地形・地質的な観点からネパールと日本，特に四国とには類似性が見られる。また，気象とそれにともなう植生との類似性，ランドスケープの類似性が見られることを示した上で，棚田の崩壊などの現象がネパールでも日本と同様に生じていることを指摘している。

しかし，吉川らは，地形・地質と気候，植生，景観，防災の観点からネパールと四国の比較を試み，今後の棚田等の斜面の取り扱いについて論じているが，本来のオムニスケープジオロジーが目指す社会学的・経済学的な観点についてまでは踏み込んだものとなっていない。この意味での不十分さは否めないが，考え方の実施例として数少ない事例となっている。

図-8 吉川ら(2003)により指摘されたネパールの耕作放棄された棚田の状況

(2) 多自然型川づくり－原田川の例

吉川(2002)は，宅地造成にともなう原田川の保全において，代償ミティゲーションを行った結果にこのオムニスケープジオロジーの考え方を導入し，評価している。

この事例では，レッドデータの危険種に取り上げられている植物(ミクリ)の保全を考慮した原田川の移設工事が行われた。元の川の位置が住宅造成地内であるためそれを住宅造成地の脇に沿う形で多自然型川づくりを行い移設した例である。

ここでも，その原田川の移設にともなう川づくりの評価をオムニスケープジオロジーの観点から行っている。生態学的な観点からは，事業実施前後の植物・魚類・水生無脊椎動物の種の変化からの検討を行っている。また，ランドスケープの観点からは，事業実施前後の秋季と冬季の景観について，写真を用いたフラクタル解析を行い，事業実施後の方がより豊かで複雑な景観を示していること，防災の観点からは，移設した原田川の治水用の水門を河口に設けたことなどを示している。さらに，社会学的な観点，地形・地質・気象・水文学的な観点からの評価を行い，ミクリをはじめとした生物の順調な保全・復元が進んでいるとともに，住宅購入者による維持管理が推進されている。

figure-9 オムニスケープジオロジーによる評価を行った原田川の状況(吉川(2002)より)

(a) 改修前の原田川の状況
(b) 改修後の原田川の状況

5. おわりに

しかし,この事例では,経済学的な評価が行われておらず,その点での不十分さが否めない。そのためかどうかは分からないが,最近の経済低迷もあり,造成した宅地の販売においては十分な利益をともなっているとはいえないようである。

ここでは,中小規模の事業の実施にあたってオムニスケープジオロジーの観点に立った総合的評価を実施することの必要性とその手法について論じた。この観点からは,地形・地質・気象・水文学的な観点,生態学的な観点,防災上の観点,ランドスケープの観点,社会学的な観点,経済学的な観点の6つから捉え,これらを総合評価することで,中小規模事業の環境変化を総合的に把握しようとするものである。

本論では,具体例を十分に示すに至ってはいないが,中小規模の開発においてこの考え方が受け入れられるようになり,個々の観点の調査・評価技術が向上し,より良いものに発展することを期待したいものである。

参考文献

稲垣秀輝(2001):暮らしとその安全のための応用地質,応用地質,第42巻,第5号,pp.314-318.

岩下豊彦(1983):SD法によるイメージの測定,川下書店,204p.

大野博之(2001):21世紀における景観地質の役割,応用地質,第41巻,第6号,pp.383-386.

大野研・大野博之・鈴木勝士・葛西紀巳子(2002):色彩・形状の観点からみた数値的景観評価の試み,土木学会論文集,No.695/IV-54, pp.31-44.

小倉紀雄・河川生態学術研究会多摩川研究グループ(2003):水のこころ誰に語らん－多摩川の河川生態,紀伊国屋書店,190p.

土木学会斜面工学研究小委員会(2003):二十一世紀の斜面工学の創生を目指して－防災・維持管理・環境・計画・景観－,土木学会平成15年度全国大会研究討論会,研-06資料,15p.

川喜田二郎(1967):発想法－創造性開発のために,中公新書,220p.

吉川宏一(2002):中小規模の代償ミティゲーションにおける総合的環境評価に関する研究,長崎大学大学院学位論文,pp.60-74.

吉川宏一・大野博之・稲垣秀輝・平田夏実(2003):オムニスケープジオロジーーネパールと四国の比較－,応用地質,第44巻,第1号,pp.14-24.

吉川宏一・後藤惠之輔・大野博之(2003):大規模ショッピングセンター建設に伴うビオトープガーデンの造成,土と基礎,第51巻,第4号,pp20-22.

栗山浩一(1997):公共事業と環境の価値,築地書館,174p.

齋藤大・大野博之・後藤惠之輔・山中稔(2001):低高度型プラットフォームによる河川生態調査法－近赤外画像による付着藻類調査－,第4回環境地盤工学シンポジウム講演論文集,pp.101-108.

樗木武(2001):土木計画学,森北出版,pp.206-241.

森本幸裕・亀山章(2001):ミティゲーション－自然環境の保全・復元技術－,ソフトサイエンス社,354p.

短報 SHORT COMMUNICATION

信州の森林が育む水源からのメッセージ
― 日本の屋根の果たす役割 ―

福島 紀雄
森林づくりと木材利用のフリーコーディネーター・環境再生医

Norio FUKUSHIMA: Message from the watershed in Shinshu

はじめに

近年、森林に対する意識の高まりを見るにいたって、長い間遠ざかっていたものが急に身近なものなってきた思いがする。

一方で、森林の機能に対しては、多少不確実な要素をもつ理論が信じられているむきもあり、森林管理の持って行き方に不安がないではない。

信州は日本の屋根と言われ、10州に境をなす国として、重要な水源も多く、森林の果たす役割も大きい。長い年月を要して形成される森林を、どのように管理して行くのがよいのか、その責務を負っている県民の一人として、県内の森林の現状を紹介し、皆様方が自然環境再生における今後のあり方を検討する上での一助としたい。

I. 森林の形態によって機能に差異があるか

最近よく「広葉樹を伐りつくして、針葉樹を植えたことが間違いであった」という話を聞く。また「森林の保水機能は、針葉樹より広葉樹の方が高い」と言う話も聞く。このような考えを信じ、育成中のスギやカラマツを伐採して、広葉樹を造林したところさえある。そうした樹種転換を本気で検討している機関もある。
たとえ差異があるにせよ、長い間をかけて形成される土壌や生態系を、そんなに簡単に、短期間で変えるようなことが、果たしてよいのであろうか。

巷間では「針葉樹と広葉樹では、腐食の進行速度が異なり、落葉の堆積層も広葉樹の方が厚い」といわれている。だからといって「針葉樹は保水機能が劣る」というのは早計ではないかと思う。狭い範囲での実験で結果が出たとしても、山全体を捉えた測定結果では、樹種による差異は認められていない。

少なくとも私は、そういう数値の出ないのが答えではないかと思っているので、この問題についてもう少し詳しく考えてみたい。

1. 拡大造林の行なわれた背景

確かに、大戦のために森林の過剰伐採が行われ、その結果森林の荒廃がすすんだ。戦後の混乱も落ち着いた頃になって、造林未済地に対する緑化推進の機運が高まった。これに伴い、戦後の復興、経済の伸長、薪炭の供給、その後の紙の需要の増大も相まって、盛んに林種転換がすすめられ、広葉樹の伐採が盛んに行われた。

本県の民有林においても、昭和20～30年代に、28年をピークに県行造林、公団・公社造林が進められた。

また、30年代後半になって、薪炭を使う生活様式の衰退により、広葉樹林の経済価値が低下したことも事実で

ある。しかし、いまある造林地の多くは、その跡地造林ばかりではない。住宅や農業などへの草の利用が減ったことにより、採草地への造林が盛んに行われたこともかなりのウェイトを占める。広葉樹を伐りつくして、針葉樹を植えたという指摘は、必ずしも当たらない。

2. 保水機能上に差異があるか

（図－1）は、降水が森林によって保水され、やがて流出していく機能をあらわしている。

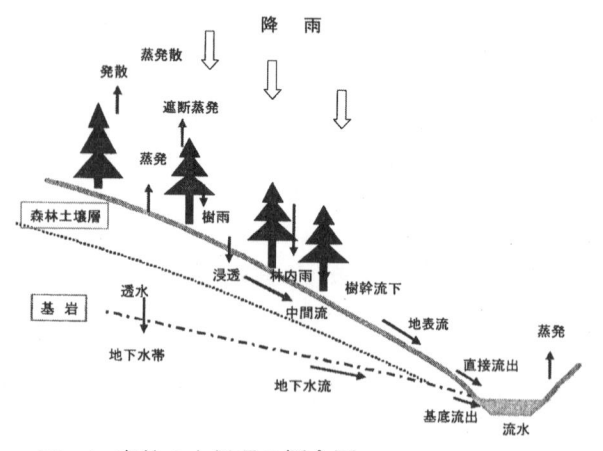

図－1 森林の水循環の概念図

降水は葉や樹幹に付着して蒸散もするが、地面に落ちて流れる。その地表を流出する直接流と、地中に浸透し、表層土壌の間を流れる中間流と、さらに基岩層に達してその上を流れる地下水流となって流出し、やがて河川となって行く。

このメカニズムは、北澤秋司信大名誉教授（図－2）によると、降雨のはじまりから終わりと、水の流出のはじまりから終わりまでの時間差（タイムラグ）が、どの程度あるかということが大切であるとしている。

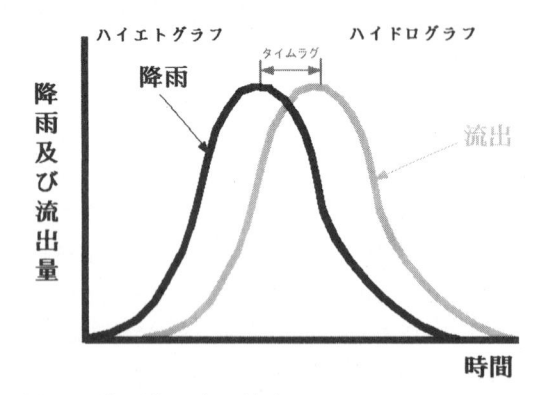

図－2 降雨後の水の流出

針葉樹と広葉樹の違いによる保水機能の差は認められていない。むしろその違いは土壌と基岩によって異なるのではないか。土壌表面の落葉の堆積量の差も多少はあるが、むしろ表層土壌の深さによって中間流出量に大きな違いがあると考えられる。また、基岩についても、花崗岩層と安山岩層では、地下水の浸透性が異なる。もちろん、その上に立つ森林があることは、保水機能において大切なことである。

3. 水源が失われる要因は何か

体験的判断と前置きして「針葉樹林を植えたために水源を失わせた」という人がいた。

いま私は県内紙に「泉探訪…信州の森林が育む水源」を連載している。日本の屋根である長野県には、湧き水が多い。おそらく一万箇所以上はあるだろう。そのなかで森林と水と人の関わりの深いところ、森林の文化が伝わっているところなどを、写真入エッセイとして紹介させていただいているが、私の歩いた限りでは、針葉樹林で湧水が途絶えたようなところは見当たらなかった。

（写真－1）は、和田村にある「黒耀の水」である。本当の名称は男女倉の泉という。太古の昔、やじりの産地であった遺跡群のなかに湧いており、いまでも黒耀石が出ることからその名で呼ばれるようになった。注目して欲しいのは、この写真のうしろの森林で、国有林のブナやミズナラ、モミ、ツガの天然林を伐採した跡のカラマツ造林地である。以前、森林についての講演をしたときに「針葉樹林…とくにカラマツ林の水は不味い」という意見の人がいたので、あえてこの写真を見せたことがある。雪中にもかかわらず、県内はむろん、千葉県や広島県の人までも水を汲んでいた。

写真－1 いまも変らぬ湧水

逆に、居谷里湿原（大町市）のように、ハンノキなどの侵入により、湿原を変えつつあるところもある。

広葉樹林でも水が涸れていた例もある。諏訪湖畔から守屋山の水源を求めて、地元の生産森林組合の皆さんと登ったところ、そこは広葉樹林で、しばらく手を入れて

いない状態でクズなども生い茂っていた。あの大岩が水源と指差されたが、到達してみると水は涸れていた。

経済的価値の低い広葉樹林では、人が関わらなくなると山は変って行く…そんな思いがする光景であった。

道路の開設などで枯れる。それも不確かであった。工事中に水脈を壊せば当然であるが、高速道路の下方の水源で、小諸市、坂城町、伊那市など、建設後も変らず湧いている泉を見た。

一方、木島平村では水道利用のためボーリングして地下水を汲み上げているため湧水量が減っていたし、他にも別荘開発地の下方で湧き水が失われているなど、人為によると思われる例も見受けられた。

4. 国土保全上に差異があるか

「水土の保全には広葉樹の方が安全」という考えに、いささか不審感を持っている。と言えば、何を馬鹿な…と思われるかもしれない。

（写真－2）は、天竜川の水源の一つ、遠山谷の斜面の例である。昭和36年に長野県南部を襲った未曾有の集中豪雨は、いまなおその爪痕を残しているところがある。この写真をよく見ていただけば、広葉樹林の間に随所に崩壊地が覗いているのがお分かりいただけると思う。また、右の比較的新しい崩壊地では、植林木の方が残っているのも注目して欲しい。

（写真－3）は、飯田市の重要水源である松川入の崩壊地現場である。茶の湯で有名な猿庫の泉は、昔、宋徧流の茶人が、浜松から旨い水を求めて天竜川をさかのぼり、松川を上って、そのまた支流で発見されたという。この話は、下流域にまで及ぶ水の大切さを物語っている。

写真－2 崩壊地の例－1

その松川の源流も、このように36災の爪痕が残っている。のみならず、復旧治山をすすめているなかで、昭和50年代の度重なる台風災害で更に拡大した。山間奥地に大きな災害が起こると、その復旧には大変な期間を要する。ここは民有林（財産区有林）であるが、こうした現状から、県は国にお願いして現在、直轄の治山事業を進めていただいている。

写真－3 崩壊地の例－2

この写真でよく見ていただきたいのは、造林するとき伐採せず、斜面保全のために残した広葉樹林（保残帯）が崩壊していることである。表土の浅い花崗岩地帯では、木が大きくなれば、支えきれなくなり、降雨による浸透水がそこを押して根こそぎ崩落する。広葉樹林を残しても何も手を加えないでいれば、このような新たな被害が発生する。その一例である。

もう一つ地滑り被害の例を紹介したい。カラマツ造林については、信州の気象と地勢から圧倒的な樹種を占めている。先年、長谷村の分杭峠付近で、国道の基盤が下がる地滑り災害が起きた。このとき、周辺がカラマツの一斉造林地であるのを見て、それが原因と指摘する人がいた。一見しただけでそういう結論を出してよいのか。

写真－4 地滑り被害地の例

被害は、(写真－4)のような状況である。はじめ、国道の路面が下がって通行不能となった。翌春また下がったので、下方の森林を調査したところ、林内に30センチほどの段差が数箇所発生していた。それが数日の間に広がってご覧のような状況にまでなった。

地滑りは、言うまでもなく地層と地下水の因果関係で生じる。ことに、ここは、年間2～3cmも隆起していると言われる南アルプスの麓にあり、しかもこの被害地の真下を中央構造線が走っているのである。

科学はまだ解明されない事柄が多い。いろんな考え方や意見があることは当然であり、多方面から検討することは必要であるが、ときおり聞かれる推測の域を超えないような理論に対しては、受ける側のそれぞれの立場への影響を考えて、もう少し充分な配慮がなされるよう求めたい。

5. 生態系についてはどうか

最近、各地で人里にクマが出没したり、サルやシカ、イノシシやカモシカによる被害が問題になったりしている。そうすると、人工造林が奥地まで進んでエサになる木の実がないからだという指摘がされる。私はこれらの動物が増えていると感じている。強い固体は奥山にいて危険な人里には来ないのではないか。人里に旨いものがあるからだということもあるが、奥山にもいる状況を見ると、テリトリーから外れたものが行き場をなくしているのではないかとも思う。

ウサギなどの小動物たちは、荒廃して見通しが効かず危険を察知できないような森林にはいない。従ってそれを追う動物たちも遠ざかる。針葉樹林であろうと、広葉樹林であろうと、人手の入らない暗いところでは生物の多様性が失われるのではないか。

森林の下層植生も同様である。手入れの行き届いたところであれば、針葉樹林でもそれなりの多くの草花を見ることができる。経済性の低い広葉樹林は手入れされないために、かえって生態系は失われている。県の林業統計では、信州の民有林の人工林比率は48％である。人の出入りが多いところはともかく、大半は手の入らない広葉樹林で、ツルなどが絡んで荒れており、生態系の維持機能も危ぶまれるところが多い。

II. 脱ダム宣言とその代替案での森林への考え方

現知事誕生後まもなく、長野県は「脱ダム宣言」をした。これに基づき、治水・利水ダム等検討委員会が設置され、その答申を受けた代替案が、昨年の7月に出された。ダムを止めて森林…緑のダムとする考え方、その内容の概略を、淺川流域対策の例をとって紹介する。

1. 代替案の概要

全体では、総合的な治水対策を2つの対策で行う。100年の確率で基本高水を450 ㎥／sとし、基本流水量の8割が「河川対策」で、河川改修により360 ㎥／s分を補う。残りの2割に当たる、90 ㎥／s分を「流域対策」で補うとしている。

流域対策は2つに区分し、A；洪水を防止する対策と、B；洪水時に被害を最小限に抑える対策としている。Aは、①森林整備、②ため池貯留、③水田貯留、④遊水地設置、⑤既存貯留施設の機能の担保、⑥貯留・浸透施設の設置、⑦各戸貯留・浸透施設の設置、⑧土地利用規制の8項目で対応する。Bは、前項⑧(重複)と、⑨洪水に対する住民の意識向上、⑩洪水発生時の情報伝達、の3項目で対応し、AとBを合わせて10項目に区分した対策となっている。

ただし、①の森林整備は、「造林・治山事業を実施し、水源涵養機能・土砂流出防止機能の維持・増進を図る」とするもので、90 ㎥／s分に対する数値はゼロである。これは、もともとある森林の面積が増えるわけではないので、Iの(図－1)で説明したような、水循環の理念に基づくものである。

⑤～⑧も既存施設であったり、⑨～⑩は情報の対策であるから、具体的な数値としての対応はない。つまり、90 ㎥／s分については、②～④で補うこととしており、その配分と内容は次のとおりとしている。

②のため池貯留では、淺川流域内のため池を利用して、堤体の嵩上げを行い、貯留機能の付加を行うことにより流出を抑制しようというもので、洪水時のピークカット流量を20 ㎥／sとしている。

その構造は、(図－3)に示すとおりで、排水枡の口を2段階にして流出量を調節する。降雨により普段より多く流入してくる水は、一時的に貯水量が増え、雨が止むと徐々に元の水位に戻る。

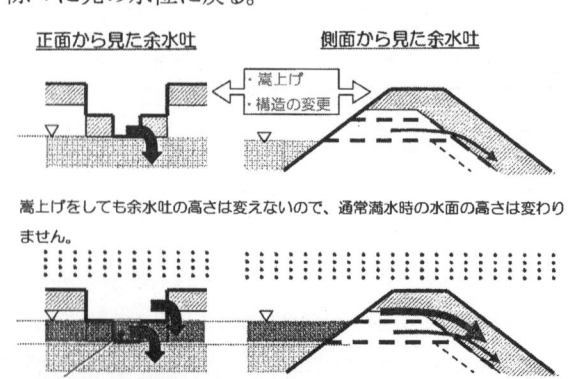

図－3　ため池貯留の概念図

③の水田貯留は、水田の畦畔を嵩上げして貯留機能の付加を行うことにより流出抑制を行うもので、洪水時のピークカット流量を5 ㎥／sとしている。

その構造は、(図－4、5) に示す通りで、排水枡に設けられた板により水位を調整する。水田に降ってくる雨が、板の切り抜き部の排水口から吐き出される水の量より多い分、一時的に水が溜まり、その想定量より多い降雨があったときは、板の上部から排水される。

この想定では、畦畔の嵩上げにより、通常、田の水量以上に貯水することはない。ただし、降雨時には普段より一時的に増水することになる。

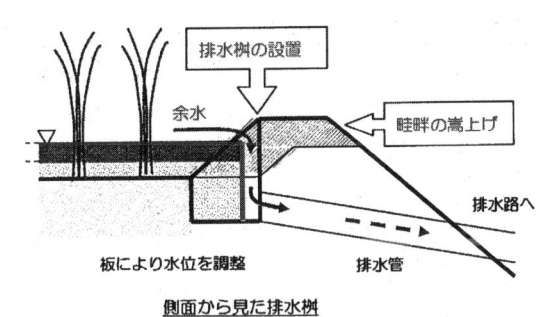

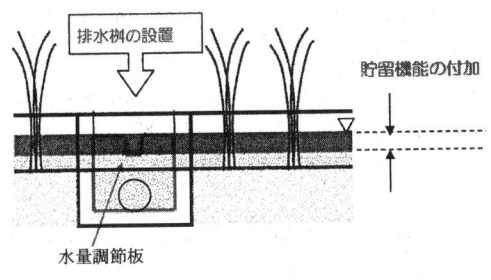

図－4 水田貯留の概念図－正面図

図－5 水田貯留の概念図－側面図

④の遊水地設置は、河道内や河川の外に遊水地(池)を設置して、下流の河川流量の低減を図るもので、洪水時のピークカット流量を65 ㎥／sとしており、それは次の2つの方法による。

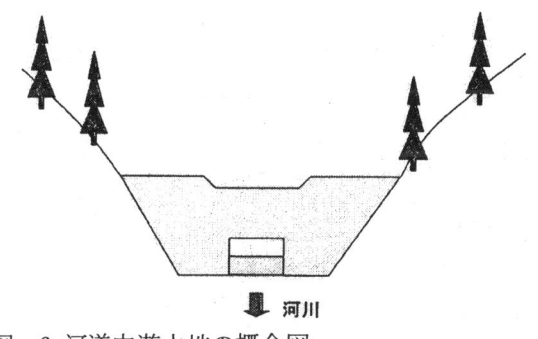

図－6 河道内遊水地の概念図

河道内遊水地は、(図－6)に示すように、小さな堰堤を設け、常水は堰堤下部の排水口から流す。激しい降雨時は、吐き出しきれない水が堰堤上流部に一時的に溜まり、雨が止むと除々に元の水位に戻る。この対策で、65 ㎥／sのうち5 ㎥／sを補う。

複数の箇所に設置するが、生態系や水質等の変化がないように、環境に負荷を与えないよう、構造には配慮するとしている。

河道外遊水地は、(図－7)に示すように、2地点で河川と併設して設置する。洪水時に溢れる水を越流させ、遊水地に誘導して一時貯留するもので、ピークカット時にそれぞれ30 ㎥／sを補う。

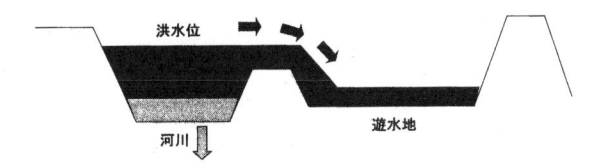

図－7 河道外遊水地の概念図

この遊水地は、平常時は公園、グラウンド等の多目的に利用できるように検討している。これについては、松本市にウォーターフィールドとして施工例がある。私としては、そういうものを造るときこそ、水辺再生のビオトープなんかよいと思う。むろん地域の人の充分な管理が望める体制があってこそではあるが…。

2. 代替案の問題点

以上が、ダム代替案の概要であるが、私見を言わせてもらえば、何点かの不安を感じているので付け加えておきたい。

第1点は、これらの対策は、その多くが当初案のダム施行地の下流で行われるもので、山間で水量を調節するダムと異なり、下方において一時的に受け止めようとするものであるから、住民の安全は大丈夫かということである。

河川では、山間から里に出たところから扇状地として広がっていることが多い。淺川はその典型的な地形にあり、土地利用を優先して川幅は上流の谷間よりもかなり狭められ、その周辺に、既に多くの人が住んでいる。「河川対策」では、河川改修に際して河川沿線住民の立ち退きが必要となる。

「流域対策」についても、堤体や畦畔の嵩上げの安全性はどうであろうか。田畦の高さというものは、長い間の経験からその高さが決まっているものである。過去において、集中豪雨のときにあちこちの田畦の決壊を私は経験しているので、非常に危険を感じている。

第2点は、田圃の水というものはあまり長い期間張って

いるものではないということである。稲穂が出てからは、むしろ水は抜かなくてはならない。夏の豪雨時や台風シーズンには、たとえ一時的にせよ、水が溜まることは困るのである。収穫を優先したいお百姓さんは、その時水を払ってしまうのではないか。

実は、既に現役のとき私は、森林は保水機能を維持するが、もともとの面積が増えるわけではないので、貯水の代替にはならない。また、水田は田畦の決壊の危険性と耕作上の不都合から、地権者の理解は得られないだろうと提言したことがある。前記のとおり、代替案では森林が基本流水量を担保するとはしなかったし、水田についても、県は11月下旬になって「地権者の了解が得られない」として代替案から除外した。

第3点は、河道内や河川に併設する遊水地(池)に入る土砂をどうするのか、図に見られるように、河道内では堤体を抜くものとし、河道外ではオーバーフローする水だけを受け入れるものであるから、土砂で埋まることはない。という説明であるが、洪水時にドッと来て埋まることを経験をしているので不安は拭い去れない。

第4点は、これらの対策で失われる自然環境は、ダムのそれと比較してどうかという疑問である。高いコンクリートの壁をつくるということは、生態系の破壊を生じさせるので、基本的にはやらない方がよい。だがダムそのものが不要ということではなく、代替案があるということは、水土の保全上の対策は必要ということである。代替案ではダムの面積以上に広い範囲で自然環境を変える。そういう不安があるからこそ、さらなる深い検討を望まれる。自然の美しさをそのままで維持できればそれに越したことはないのであるが、共生ということになると難しい課題である。

Ⅲ. 森林の保全に関する活動

ところで、昨年12月に行なわれた第4回自然環境復元研究会では、全体討論で、上流域の自然環境を維持するために、下流域の住民がどう対応するかということが話題となった。そういう事例について、信州ではどうかというご質問もあり、幾つかの例を答えたが、その一部を紹介し、森林保全活動の参考になればと思う。

1. 下流域の森林整備資金・森林整備協定

長野県内で、下流域が基金を設けて、その運用益及び負担金を財源に、上流域として森林整備の支援を受けている例は次の4件である。また、下流域と上流域の地方公共団体が森林整備の協定を結んでいる例も2件(1件は重複するが)ある。

1) 矢作川水源基金

安城市など矢作川水系の水を利用している20市町村が、昭和52年に基金を設立し、上流域の愛知県9市町村、岐阜県3町村、長野県2村の合計14市町村を対象に、森林整備費用を助成している。

2) 豊川水源基金

愛知県豊橋市・豊川市など18市町村が、矢作川水源基金と時を同じくして設立し、上流域の愛知県8市町村、長野県7市町村の合計15市町村を対象に、森林整備費用を助成している。

3) 沢川水源の森整備基金

これは、同一県内で実施されている。箕輪ダムの上流集水区域の森林に対する水源涵養対策として、ダムの水を利用する上伊那広域水道事業団が、その構成団体により、平成4年に基金を設立し、森林整備と環境保全啓発事業に対し補助金を出している。

4) 木曽三川水道水源環境保全基金

この基金は、愛知県豊明市・日進市など5市町が組織する愛知中部水道企業団(昭和50年設立)が、平成12年に設立し、使用水量1m³について1円を料金改定時に上乗せして基金を積み立てることとしたものである。

基金設立に先立ち、水源地域環境整備促進事業助成金を創設し、木曽川上下流域の交流促進を図り、両地域の発展を促進する「交流のきずな調印書」を締結している。

この「きずな」はさらに発展して、平成15年には同企業団と、木曽郡11市町村でつくる木曽広域連合との間で、森林法に基づく「森林整備協定」が結ばれた。対象は木曽全域の森林約15万7千haで、全国に例を見ない大規模なものとなっている。本格的な整備を始めるのは2005年としているが、そのモデルとして本年1月に木祖村で間伐が開始された。

5) 矢作川水源の森(森林整備協定)

前記のような整備協定で、既に実施しているところが県内に1件ある。根羽村における「矢作川水源の森」がそれで、こちらは森林法に基づく整備協定の全国第1号となった。この協定の発端は、平成3年に官行造林が契約満期となり、伐採することとなったが、村長はせっかくの森林を存続したいと考えた。国側の分収に相当する金額で立木を村が買い取ることにしたが、その資金を下流域の安城市が負担し、両者で共同管理を進めることとした。この協定に基づく森林整備を通じ、上下流域住民の交流の場ができ、安城市をはじめとする下流域の青少年の自然体験教育の場ともなった。

2. 水源の危機を救った市民参加

長野県のダム問題は、対象となる河川のすべてを代替案にするということになったが、最近になって治山事業の堰堤も見直しの対象となるに至った。自然の復元は自然に任せればよい。場合によっては奥地の森林にはもう手を加えず、原生林にすることも考えたい。新年になって、中部森林管理局長に対して、直轄治山の見直しを求めたなかで、知事がそう発言した。

これは、飯田市民にとっては寝耳に水となった。

Ⅰの4.で例にあげた松川入は、昭和36年の災害とその後の災害で全国に例を見ない大規模な荒廃地となっている。(写真5)は平成9年に撮影されたものである。荒廃規模が大きいため、復元には長期間を必要とするものであり、平成16年現在の状況もほぼこの通りと思っていただいてよい。

この水源の水は、下流に松川ダムがあり、飯田市民の約3万戸に水道を供給する施設がある。荒廃した森林から出てくる土砂は、ダム建設10年足らずで、100年の目標値を上回る堆積量となってしまった。そこで国直轄による治山事業が平成5年から始められたのである。

写真-5 松川入水源の荒廃状況

復元には35年を要するという長期の計画であるが、一方で堆積土砂を取り除く事業も進めているので、市民は安心して生活していた。この水源林の前には、飯田の象徴である風越山がそびえている。災害から年数も過ぎて、市民は奥地の荒廃のことさえ忘れかけていた。

松川入水源は危機的状況にある。正月早々に私は、そういう警告を地元新聞に寄稿してみた。1月末に知事の発言があり、問題が具体化すると、さすがに市民の反応があった。フリーの私には、市政や県政になんの影響力も持っていない。工事の見直しによる縮小に不安を感じるなら、皆さんが意見を県にあげていただくことではないか。知事も市民の反応を待っていると思う。再びそういう寄稿をしたところ、新聞社も別のコラムに、市民の意見を県へという論評を載せた。

多くの自治会や用水路水利関係者、婦人会などの市民団体が、それぞれに要望書を市・県・国に上げ、個人からもメールや手紙が知事の元に送られた。私のところにも電話や直接会いに来た人も多かった。そのなかで、ある若い夫婦は「病気の人に何もせず、自然に回復するのを待つのか、ある程度手を差し伸べて自立させるのか」と私に質問をした。これは私の予想もしない質問であった。自然が病んだり、傷ついていたら、やはり人の手を加えなければいけないでしょうね。と答えると、では知事にそう言ってみますと帰って行った。

またある若い主婦は「荒廃した森林を自然に回復させれば良いというけれども、私たちが安心して暮らせるようになるのは、何時ですか、私の代ですか、この子たちの代ですか、それとも…」あとは声を詰まらせていた。

こうした意見が知事に届けられたということは、ある意味で県政に対する新しい市民参加のかたちとなった。その結果、新年度予算案では、予定した事業を縮小することなく認められることとなり、この問題に一応の決着がついた。また今回の問題で、今後、奥地の森林の状況を見守って行く市民の会を希望する人もあり、そんな組織も立ち上げたいと思っている。

3. 下流域からの森林ボランティア

信州の自然景観の美しさは、都市住民から愛されているところであり、その背景となる森林の間伐など、森林整備に都市住民が参加する動きは、幾つかの地域で行なわれている。

そのなかで、小海町で行なわれている「小海やすらぎ隊」という活動は、NPO法人地球緑化センターが、間伐ボランティアを行なっているもので、間伐材で森の小人「プティリッツア」を沢山つくり、町の象徴として広げるなど、地元の人たちとつながる山づくりを重視した活動である。昨秋、和歌山県で行なわれた全国森林シンポジウムで紹介され表彰された。

長野県内には他にも森林整備のボランティアが入っている例はあるが、せっかく森林整備に参加しても地元の人たちの参加がなくて寂しいという指摘もあるなかで、小海町のこの活動は成功していると言える。

4. 貴重な森林の保全

自然林の保存ということで代表されるブナ林の保存も大切でなことである。かつて信州に広くあったブナ林は、フローリングなどの用材やパルプ生産のために、かなり伐り尽くされてしまった。鬼無里村のミズバショウ群生地や、斑尾山、カヤの平、野沢温泉上の平あたりには、ブナ林が貴重な森林景観として残されている。

しかし、こうした森林の保全も、計画的に行われなけ

れば、やがて衰退していくことになる。かなり前になるが、ドイツ南部で、そういう保存林の展示されている場所を見せていただいたことがある。やがて朽ちることを考慮して、更新のための森林を何箇所にも配備し、朽ちればそこを閉じて再生を図る場所とし、次の場所を公開していくという説明であった。

長野県は、南アルプス、中央アルプス、北アルプスなど、豊かな風光に恵まれた自然公園を擁している。上高地や志賀高原のような観光地にも恵まれている。その全てが、国民的な貴重な財産となる森林を抱いており、それらは長い歴史のなかで、なんらかの人手が入って守られてきたものである。そうした森林の保全を重要課題とすることは、戦後の県政でも一貫してきた。なおかつ今後も、自然の節理をよく知った上での計画的な森林保全策を講じる責務を背負っている。

最後に森林の自然再生の例を示す。(写真－6) は八ヶ岳山麓で、戦後に国有林が皆伐し、トロッコで搬出した跡地がこのように美しい森林になっている。古い切り株が朽ちて残っており、軌道敷は撤去されないまま登山道に残されている。このような自然林は、国有林が適正な管理をしていたからこそ再生されたものである。

写真－6 再生された自然林

おわりに

森林は水を育む。むかし人々は水を求めて泉に住み、いま人々は美味しい水を求めて泉を訪れる。そんな泉を訪ねて里を歩き、また深山に深く分け入ったなかで、再生された美しい森林を見た。保存された巨木の生い茂る森林にも浸った。森林から湧き出た水は、音を立てて流れ下っていた。このようなところに来ると、長い間、森林に関わってきたことを本当に嬉しく思う。しかし、荒れ果てている森林を見たときは、言いようのない侘しさに襲われてしまうのである。

森林は、針葉樹・広葉樹の区別に関係なく、その存在する場所において、それぞれ、森林のもつ公益的機能を発揮している。先人が築いてきたこの貴重な資源を放置して壊してはならない。郷土の重要な水源流域の、安定した森林の形成を保持し、この景観と、おいしい空気と、きれいな水の環境を次代に伝えていくために、いまを生きる私たちは、知恵を出し合って取り組まなくてはならない。

引用文献
北澤秋司：CD 山地・河川整備のあり方、森林と循環型社会
長野県：信州からまつ造林百年の歩み、1-3,158-160
中部森林管理局：飯田治山の概要(パンフレット)
長野県：淺川流域対策原案、砥川流域対策原案

短 報 SHORT COMMUNICATION

生態学的混播・混植法の開発と評価

岡村　俊邦
杉山　裕
北海道工業大学工学部環境デザイン学科
吉井　厚志
北海道開発局建設部

Toshikuni OKAMURA, Yutaka SUGIYAMA and Atsushi YOSHII:
Development and Assessment of eco-mixed Seeding and Planting Method
-towards regeneration of natural forests-

概要：生態学的混播・混植法は、樹種および遺伝子レベルでも自然林に近い樹林を再生するために開発した方法である。開発の初期の段階では、直播による方法が中心であったが、軽いタネを持つ樹種の導入がうまくいかなかった。しかし、自然の状態では、軽いタネを持つ樹種は、先駆性樹種に多く、自然林の再生過程と外れる結果となった。そこで、軽いタネを持つ樹種については、1から2年生の実生に養成して導入することと、砕石や木片によるマルチングを行ない、表土の乾燥を防ぎ、草本の侵入を抑制することで、自然林の再生過程に近い樹林の再生が可能になった。また、この方法は、住民参加に適し、維持管理が不要なことから、経費の削減にも有効であることも明らかとなった。

Abstract Eco-mixed Seeding and Planting Method, the technical skill to introduce diverse native species distributed around the site by seeding and planting seedlings, was developed in order to regenerate forests close to natural composition of tree species and their gene pool, through natural selection. In the former experiments, mainly introduced plants by direct seeding, light seeds, most of which was born by pioneer trees, could not survive. Therefore, we developed the technique to plant several seedlings (1 or 2 years old) by pots and the mulching technique using macadam and wood chips to prevent the obstructions against the survival of the seeds and seedlings, as drying, erosion and invasion of herbage. In accordance with the application of public involvement on regeneration of nature-rich forests, we clarified the possibility to save the cost for planting and maintenance and to increase public interests.

キーワード：在来種, 遺伝的多様性, 自然林の再生
Keywords: Customary species, Genetic diversity, Restoration of native forest

はじめに

地球環境問題に対する関心の高まりを受けて，土木建設事業に伴って出現する人工的荒廃地における緑化事業でも，自然に近い樹林の再生が強く求められるようになった．そこで，河畔や活火山における自然林の成立過程に近い状態を再現し，自然林に近い樹林を再生する方法として「生態学的混播混植法」1)を考案し，1991年から試験施工を行い、この結果を踏まえて、1996年から北海道内の堤防や高水敷・ダム・道路法面・公園等で実証試験を開始した。

9年間の実証試験の結果，本方法は自然林に近い樹林の再生に有効であることが実証された。また、自然林の再生に当たっては，種のレベルだけでなく、遺伝子のレベルでも人為的な攪乱を防止 2)することが求められるようになっており、対象地周辺での自然林からのタネの採取・苗の養成・導入に住民参加型のシステムを開発し，

この問題の解決をはかった。さらに、本方法は、住民参加に加え、維持管理を基本的に必要としないことから、少ない経費で実施できることも明らかになった。本報告は、「生態学的混播混植法」の考え方と実証試験の結果を簡略に取りまとめたものである。

I. 生態学的混播・混植法の考え方

生態学的混播・混植法は、自然林の成立過程を再現し、自然林に近い樹林の再生を図るために開発 3)された、目標の設定・タネの採種・苗の養成・植栽・記録・追跡調査・評価の全体を含んだシステムである。このシステムは、二つの段階で構成されている。

1. 基本的な考え方

1) 第一段階

この方法は、自然林の成立過程の中でも、自然林の一部が台風等による強風で倒れ、根返りをおこした状態での再生過程を想定している。根返りの結果、根系が広がっていた範囲の地表部が裸地化し(ギャップの形成)、そこに自然散布されたタネが同時的に発芽・生長し、先駆性から持続性へと遷移する過程を再現しようとするものである。

根返りによるギャップに注目したのは、少ないタネや小苗で同種内の個体間および異種間の競争関係を実現するためである。つまり、ギャップ以外の部分に散布されたタネはほとんど発芽、生長の機会が無いことから、根返りによるギャップに相当する円内で混播・混植させることで、少ないタネや小苗で自然に近い競争条件を作ることが可能と考えたためである。

2) 第二段階

第一段階で出現した樹林は、従来の方法で造成されたものより、自然林に近いと考えられるが、人為的影響をある程度受けている。本方法の完成は、第一段階で出現した樹林がタネを自然散布し、同時に本来の変動を取り戻した川や斜面が自然なギャップを形成し、そこに自然林が出現することにより実現する。したがって、第一段階では、自然分布の可能性のある樹種を極力多種類導入し、自然選択の範囲を広げておく必要がある。

2. 作業の流れと意味

1) タネの採取

かつての根返り跡のギャップには、周辺に生育している自然林から多種・多数のタネが自然散布されたことを想定し、遺伝的な地域性も考慮して、樹林の再生を計画している対象地に出来るだけ近い自然林から多種・多数のタネを採取する。

2) 実生群(みしょうぐん:複数の小苗)ポット苗の養成

当初、本方法はタネの直播を中心としていた。しかし、現地実験の過程で、重量級のタネ(オニグルミやミズナラなどの養分を多く含むタネ)は、直播でも、実生段階(発芽後1年程度)までは生存する確率が高いが、軽量級のタネ(シラカンバやケヤマハンノキなどの養分をあまり含まないタネ)は、直播では実生段階までほとんど生存しない結果なった。

自然状態で軽量級のタネを持つものは、先駆性樹種に多く、多数のタネが広く自然散布されることから、僅かな確率であっても発芽・生長に適したところに散布されたタネが定着し、いち早く樹林を形成する。人為的播種では、タネの数や播種の範囲が限られており、定着が困難であることから、苗畑で1年生の小苗にしたものをビニールポットに複数いれたポット苗(実生群ポット苗)に養成して植栽することにした。当初、直播が中心であるため「生態学的混播法」と命名したが、上記の理由により実生段階(発芽後1年程度)のものを多数混植することから、混植を加え、「生態学的混播・混植法」の名称に変えた。

3) 基盤整備

根返り跡のギャップを想定し、直径3mの地表部の草本を根茎ごと剥離し、表面に砕石・砂利・木片等でマルチングを行った。直径3mは根返りの範囲を想定しており、この円(1セットと呼ぶ)の個数は、周辺の自然林の上層を構成する樹木の本数とした。つまり、風倒により自然林の上層木が根返りを起こし、これらのギャップでタネの自然散布により再び自然林が成立することを想定している。また、マルチングの意味は、外来種の侵入防止、地表の乾燥防止、侵食防止を図り、導入後の維持管理を極力抑制するためである。

4) 混播・混植

かつて自生したと考えられる在来樹種の中で、出来るだけ多くの種類のタネおよび実生群ポット苗を用意し、その中から10種選択して混播・混植する。平均的には、40種程度用意し、10種の選択を参加者に任せることから、組み合わせはセット毎に異なる。また、実生群ポット苗には、3本〜5本の小苗が入っていることから、1セットには30本(10種)以上の個体が導入される。この結果、それぞれのセットで自然状態に近い同時的な発芽・生長と遷移を再現でき、将来的に1から2本に自然間引き(自然選択)される過程を経ながら自然林に近い樹林が再生する。

5) 追跡調査および評価

導入時には、各セットの配置、セット内の導入樹種の配置、樹種名、樹高を必ず記録する。また、追跡調査の

結果をまとめ、再生目標と照らし合わせて評価を行う。

Ⅱ．評価法と結果

生態学的混播・混植法では、第1段階(施工～30年)の評価に備えて、初期調査と追跡調査を行っている。第2段階(30年～50)については、到達するのにまだ多くの時間を要するため、今後の検討課題であるが、一般の自然林の成立過程の調査に準ずる方法がとれるものと考えられる。

1．初期調査

導入時に初期の状態を記録するため、下記の調査を行う。

・植栽位置：植栽地全体の位置や形を1/2.5万の地形図に落とし、また、植栽の対象となる径3mの円(セット)の位置を1/1000程度の大縮尺の地図に記録する。

・苗の配置と樹種・樹高：各セット内の苗の配置と樹種・樹高を野帳に記入する。

2．追跡調査

1) 実生過程(施工～2年)：この過程は、導入直後の不安定で変化の大きな時期に当たることから樹木の生長が停止する晩秋に、毎年、定着状況と樹高を調査する。

・定着状況：複数(最大5本)の個体を含むそれぞれの実生群ポット苗を1個体とみなし、1本でも生存していればその実生群ポット苗は定着と見なす。

・樹高：樹高も複数(最大5本)の個体を含むそれぞれの実生群ポット苗を1個体とみなし、最大樹高をその個体の樹高と見なし計測する。

2) 幼木過程(2年～10年)：この過程は、実生過程ほど変化は大きくないが、樹種ごとの特性が現れることから、1年～3年毎に追跡調査を実施する。方法は、実生過程と同様である。

3) 成木過程(10年～30年)：この過程は、ゆっくりとした変化が予想されることから、5年に1度程度の追跡調査で十分と考えられる。方法は、実生過程と同様である。

3．取りまとめ

調査結果は、樹種毎に定着率と樹高成長を一枚の図として取りまとめる。図における樹種の配置は、左からタネの重い順番に並べる。

・定着率：定着率のとりまとめは、導入時における樹種毎の実生群ポット苗の個数と追跡調査時点での生存している個体の割合であり、図では、最新の追跡調査時点の数値が示してある。

・樹高成長：樹高成長は、各時点での生存している個体の樹種ごとの平均樹高を算出し、経年的に積み上げている。なお、一番下のものは、導入時の実生群ポット苗平均樹高である。

4．定山渓ダム湖での事例

この13年間に実施された箇所の内、約100箇所10万本のデータが得られている。ここでは、その内の1箇所である定山渓ダムのダム湖での事例を示す。

定山渓ダムは、札幌市の中心部を流れる豊平川支流小樽内川に1990年に竣工した北海道内最大のダムであり、札幌市の水瓶になっている。ここではダム建設時に発生した品質の悪い原石をダム湖岸に埋め立てたが、自然に放置しても長らく樹林化する気配が見られなかった。そこで、1998年から生態学的混播・混植法による樹林化が開始されている。

また、ここでは、札幌市内の中学校が「緑のネットワーク運動」という環境学習の一環として10年計画で約7haの自然林再生に取り組んでいる。毎年約60名の生徒がそれぞれ10個の実生群ポット苗を植栽しており、その合計は、2004年6月現在で4,200個にのぼっている。

図-1は、1998年9月18日に60セット(600ポット)導入(図版-1)した場所での4年間の推移である。太い棒グラフが4年後の定着率を表している。また、太い棒グラフの中の細い棒グラフは、導入時の樹高および一年毎の生長量を示している。

ケヤマハンノキから右に示されているものは、軽いタネ(1000粒重が1g以下)を持つグループであり多くは、先駆性のものである。これらの樹種は、いずれも80%を超える定着率を示し、また、生長量も大きい。一方、ミズナラから左に示されているグループは、重たいタネ(1000粒重が1kg以上)を持つグループであり、90%を超える定着率を示すが、生長量は小さい。また、両者の間のものは、中間の重さのタネを持つグループであり、生長量が比較的大きいものや小さいものが見られる。

上記の結果は、ギャップでの多数の樹種からなる樹林が出現する初期の過程と同様であり4)、目標とした自然林に近い樹林が再生しつつあると判断できる。また、他の施工地でもほぼ同様の推移が見られている。

Ⅲ．住民参加と維持管理

1．住民参加の必要性・可能性

自然林の再生を行う場合、北海道の例では一般に50～60種の高木の導入をはかる必要がある。しかし、種にとどまらず、遺伝子のレベルまで考えると、現状では50～60種の地域性の確保(地域の遺伝子を持った)されたタネや苗を得ることは、一般の流通ルートでは難しい。つまり、従来の苗木生産は、同じ種を大量に生産し、広域で使われることが前提になっている。

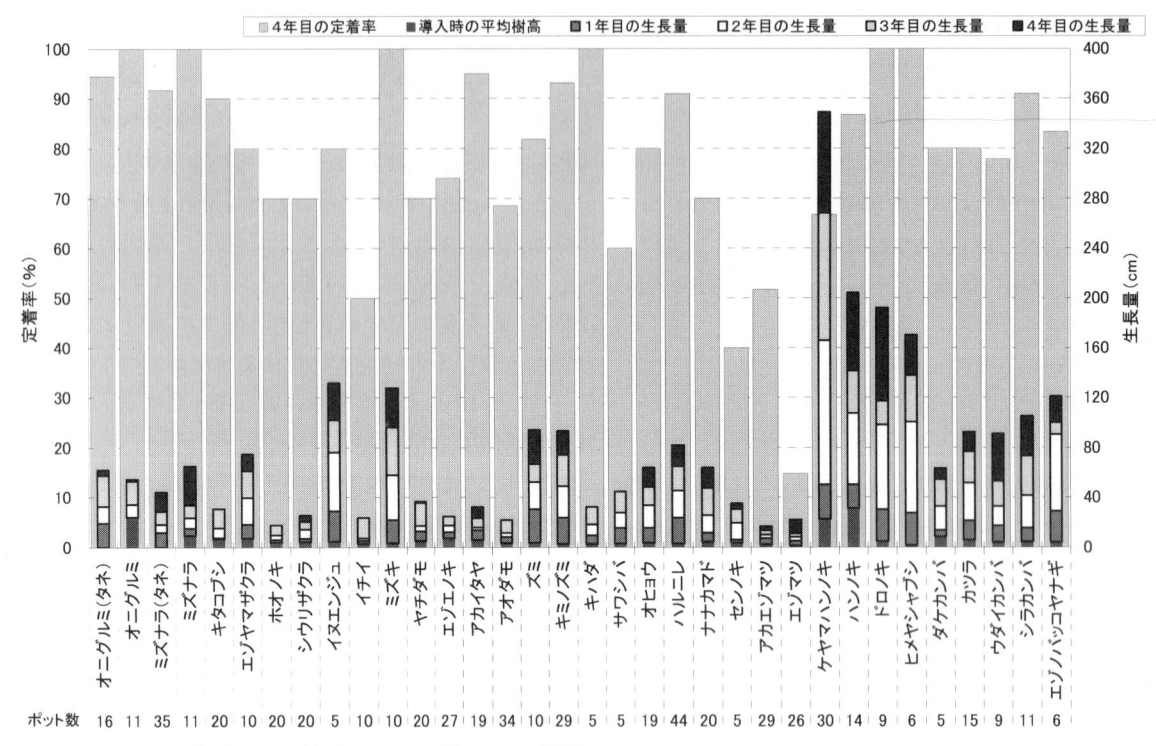

図-1 札幌市定山渓ダム湖における施工地の推移

写真-1 中学生による導入の様子

一方、生態学的混播・混植法での苗木生産は、多種の少量生産にむいている。つまり、広い苗畑や特別の設備が無くとも、地元の自然林でタネを採取し、自分の庭や校庭の隅で多種類の小苗を育てることでき、遺伝的にも地域性を持つ在来種のタネや小苗を確保することは可能である。このため、商業的な苗木生産の方向性が変わるまでは、住民参加による苗木生産の必要性と可能性が高い。前述の定山渓ダムの例では、札幌市内の中学生がタネを採取や養苗を担当している。

2. 維持管理と経費
1) 維持管理

生態学的混播・混植法は、基本的に維持管理を前提としていない。導入時に多種多数のタネや実生を導入し、競争状態を作り出すことで、導入場所の環境に適応したものが生き残ることを前提としている。既に述べたように、根返りを想定した直径3mの円内に、30から50個体(10種×3から5個体)を導入し、最終的には1個体が生き残ることを想定している。したがって、維持管理を行わなくても、1/30から1/50の確率で生き残る個体が出る確率は高い。逆に、維持管理を続けることは、人工的な環境下で生育する人工林と変わらなくなると考えられる。

従来の手法では維持管理が前提となっており、生態学的混播・混植法を実施した場合も草刈が実施される場合が多い。しかし、生態学的混播・混植法での導入当初は、樹高が小さく、また、周辺に自生する多様な在来種である。この結果、草の中に従来下刈りの対象となってきたものが生育しているため、草と一緒に刈られることが極めて多い。追跡調査で定着率や生長量が極端に悪い箇所は、ほとんど草刈によるものである。したがって、導入後は草刈を止めるべきであり、公園等で草を除きたい場合は、導入時の野帳を見ながら草を引き抜くことを勧める。

2) 経費

表-1は、1haに400本の高木が生育している状態を想定し、実施した事例に基づいて概算した、1ha当たりの直接経費である。この表のように、タネや小さい実生を

	生態学的混播・混植法	成木移植(3m程度)	苗木植栽(0.6m未満)
施工費	・タネ、小苗／400セット 　(2,000×400セット＝ 80万円) 　(5,000×400セット＝200万円) ・植付け／400セット 　　　　　　(住民：0万円) ・マルチング／400セット 　(6,250×400セット＝250万円)	・成　木／400本 　(12,000×400本＝480万円) ・植付け／400本 　(4,650×400本＝186万円) ・支　柱／400組 　(4,600×400組＝184万円)	・苗　木／2,500本 　(800×2,500本＝200万円) ・植付け／2,500本 　(360×2,500本＝90万円) ・マット／2,500枚 　(1,040×2,500枚＝260万円)
小計	約 330 または 450 万円	約 850 万円	約 550 万円
管理費	・維持管理不要	・下刈／植栽後約2年間 　(100×1ha×2年＝200万円) ・補植／植栽後約2年間 　(成木代・植付け：100万円)	・下刈／植栽後約4年間 　(100×1ha×4年＝400万円) ・必要によっては除伐・間伐
小計	0 万円	約 300 万円	約 400 万円
合計	約 330 または 450 万円	約 1,150 万円	約 950 万円

表-1　1haあたりの直接経費

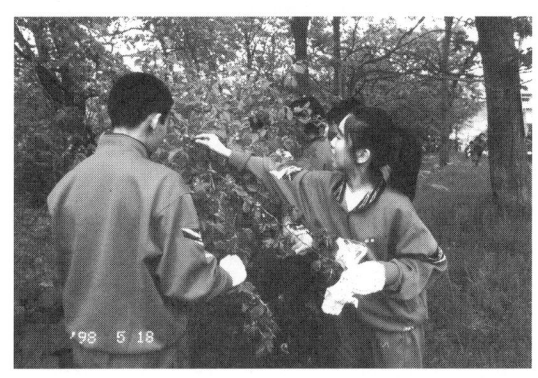

写真-2　中学生によるハルニレのタネの採取

使うため、植栽施工時の経費が他のものに比べて少なく、さらに、維持管理がかからないことから、従来の方法に比べて少ない経費で実施できる。

なお、生態学的混播・混植法の施工費が二つ書かれているのは、住民参加型で実生群ポット苗を養成すれば、実費として1ポット200円かける10ポット(1セット分)＝2000円と計算したためであり、購入する場合は、1ポット500円かける10ポット(1セット分)＝5000円程度と考えられる。

おわりに

生態学的混播・混植法は、13年間の開発過程でここに示した以外にも多くの情報が得られている。それらについては、出版予定の著書 5)にまとめているので、そちらをごらんいただきたい。また、生長や定着に関するデータも多く蓄積している。これらの解析結果についても後日公表する予定である。

最後にタイトルに関して貴重な示唆をいただき、また、公表の機会を与えていただいた自然環境復元協会の杉山恵一理事長並びに木内勝司理事に深謝の意を表します。

引用文献

1) 岡村俊邦・吉井厚志・福間博史 (1998) 生態学的混播法による自然林再生法の開発. 土木学会論文集 546/VI-32:87-99.

2) 近藤哲也 (1993) 野生草花の咲く草地づくり.信山社サイテック.

3) 岡村　俊邦：住民参加による自然林再生法,－生態学的混播・混植法の理論と実践－, 石狩川振興財団,61p.,1998.

4) 岡村俊邦・柳井清治 (1987) 噴火荒廃地における森林の成立過程に関する砂防学的研究. 新砂防 40(1):5-13.

5) 岡村俊邦(2004)生態学的混播・混植法の理論・実践・評価, －住民参加による自然林再生法2-.(印刷中)

海外事例研究　OVERSEAS CASE STUDY

ベトナム・カンザ地区のマングローブ林再生

鈴木　邦雄
横浜国立大学・大学院環境情報研究院[a]

Kunio SUZUKI : Can Gio Mangrove Restoration in Vietnam

概要：ベトナムのカンザ地区は、1960年頃まで樹高20m以上のマングローブ林が4万haも広がっていた。その後1960-70年代の戦争により、壊滅的な影響を受けている。戦時下の1968年からこの地区のマングローブ林再生事業が始められ、ホーチミン市人民委員会と地元の人々の手で着実に続けられてきた。30年を経過した現在では、ベトナムで最大級の面積を持つマングローブ林に再生している。2000年には、ユネスコ/MABの生物圏保存地域に指定されている。

Abstract: Prior to 1960, Can Gio mangrove forest in Vietnam covered area of 40,000ha; the canopy was dense, with trees over 20m tall. During the 1970's, the forest suffered almost complete destruction. Can Gio mangrove reforestation work has continued consistently from 1968 to the present day. After 30 years of rehabilitation and development by the hard efforts of Ho Chi Minh City government and people, the forest become the largest replaced mangrove areas in Vietnam. This significant fact led to its recognition by the MAB/UNESCO Committee on January 21, 2000, as a Mangrove Biosphere Reserve.

キーワード：マングローブ林、熱帯湿地林、枯れ葉剤、森林再生
Keywords: Mangrove forest, Tropical swamps, Herbicides, Reforestation

はじめに

　海外における自然環境再生の代表的事例のひとつとして、マングローブ林の再生事業がある。筆者が25年前に東南アジアのマングローブ林調査を始めた頃は、インドネシア、マレーシア、タイのいずれの国においても、胸高直径50cm、樹高15-20m以上のマングローブの森をいたるところで観察することができた。同時に、それらの樹木を切り出して、炭焼き窯へ運ぶ小船に遭遇することも少なくなかった。

　しかし、1990年代に入ると、木炭材に最も有用で経済的マングローブ樹木 *Rhizophora* spp.を中心とするマングローブの大木・自然林の伐採がほぼ終了し、同じ樹種でも直径10-20cmの萌芽再生林の伐採利用へと移行していった。その結果、マングローブ生態系の急速な劣化となり、水産資源の枯渇、海岸線の侵食など、様々な沿岸域環境の問題が顕在化している。そして、最近では、東南アジアのマングローブ林再生に向けた植林が大規模に行われている。各国が独自の政策として取り組んでいるのに加えて、日本など先進国の企業が直接

2004年3月25日受付、2004年4月12日受理
[a] 〒240-8501 横浜市保土ヶ谷区常盤台79-7、Graduate School of Environment and Information Sciences, Yokohama National University, 79-7 Tokiwadai, Hodogaya-ku, Yokohama 240-8501, Japan

鈴木　邦雄

間接に関係した事業も数多く実施されているし、NGO、団体等によるマングローブ植林事業・エコツアーも少なくない。その背景として、東南アジア諸国では一様に、沿岸域環境保全の重要性が日常的かつ生活に結びついて認識されており、地域の人々には伝承されてきたマングローブ林再生のノウハウ蓄積があり、また、地球環境問題との関連で二酸化炭素など地球温暖化の原因とされるガスの排出権取引など、欧米・日本など先進諸国の政府、企業などの積極的な関与をあげることができる。本報告では、1968年頃より、地域の人々が中心となり進められてきたマングローブ林再生事業として、ベトナム・カンザ地区の事例を紹介する。

ベトナムのマングローブ林概況[1,2]

1943年に国土の43.7%が森林に覆われていたベトナムは、その後のベトナム戦争、特にナパーム弾と枯れ葉剤の散布によって森林面積の20%、マングローブ林に限れば43%に当たる271万haが消失している。1964-1971年の間に8524回にわたって枯れ葉剤がベトナム各地に空中散布されており、その総量は7-9万キロリットルにも及んでいる。森林が壊滅的に破壊され、エージェントオレンジなどの枯れ葉剤に含まれていたダイオキシン類が人間・生物に長期的に与えている深刻な影響が、National Academy of Science(1974): *The Effect of Herbicides in South Vietnam* で紹介されるなど、大きな話題となったこともある。写真家・中村梧郎著『戦場の枯葉剤岩波書店、1995)において、当時の写真と詳細な資料がまとめられているので、参照下さい。

写真1　枯葉剤作戦によってマングローブ林が失われた当時のベトナム南部の沿岸(Hong, 1996)。

南北に細長いベトナムでは、南部メコン川河口のデルタ地帯から北部紅河の河口付近までマングローブ林が分布している。特に南部は、種の多様性も高く、生育面積も広い。今回取り上げるカンザ Can Gio 地区は、ベトナム南部でもマングローブ林が広く分布している地点でもある。しかし、戦争の影響によって壊滅的なまで破壊し尽くされている。写真1は、当時撮影された写真であり、マングローブ林が完全に失われていたことが分かる。

カンザ地区は、ベトナムの首都ホーチミン市の市街地のすぐ南側、北緯10°22'14"－10°40'09"、東経106°46'12"－107°00'59"に位置している。5月から10月までが雨季となり、年間降雨量が1300-1400mm、年平均気温が25.8℃である。

戦争・枯れ葉剤の影響を受ける前にこの地区は、高さ25m以上で胸高直径25-40cmのマングローブの密生した林が、約4万ha広がっていたとされる。現在でも、マングローブの植物相が72種、動物相が440種と生物多様性に富んでいる[3]。その代表的な樹種は、*Sonneratia alba*(マヤプシキ)、*Avicennia alba*(ヒルギダマシ属の1種)、*Rhizophora mucronata*(オオバヒルギ)、*Rh. apiculata*、*Bruguiera* spp.(オヒルギ属の一種)、*Xylocarpus* spp.(ホウガンヒルギ他)、*Lumnitzera* spp.(アカバナヒルギ・シロマングローブ)、*Excoecaria agallocha*(シマシラキ)である。これらの樹種は、東南アジアのマングローブに広く分布しているものでもある。

戦争の直接間接の影響により1970年代に、*Rhizophora mucronata*、*Rh. apiculata* の2種は特に壊滅的な打撃を受けたとされている。カンザ地区では、最も広く分布する優占種であったこともその原因と思われる。これら *Rhizophora* 属の樹種は、日本のナラ、クリ、クヌギなどの薪炭林と同じように、マングローブ域では炭焼き、用材に最もよく用いられる有用樹種であり、萌芽再生のメカニズム・臨界値以下の伐採に限定しながら地域の人々によって持続的に利用されてきた。したがって、マングローブ林特に *Rhizophora* 樹種の消失は、地域の人々にとってかけがえのない自然(天然)資源を失ったことをも意味していた。1970年代半ばまでに、カンザ地区のマングローブ林は、ほとんど利用価値のないヤシ科の有刺植物 *Phoenix paludosa* が4.5千ha、荒廃地が1-1.6万haを占めてしまっていた。マングローブ林が残されていた地点も、生育の密度が低かったり、植生が貧弱であり、高さ2m以下の *Lumnitzera* spp.、*Excoecaria agallocha* 萌芽林や *Acanthus* spp.(キツネノマゴ科)、*Derris trifoliata*(マメ科)、*Finlaysonia obovata*(ガガイモ科)、*Acrostichum aureum*(シダ植物)を中心とするブッシ

ュとなっていた[b]。

マングローブ林再生の歴史

地域の人々に利用されていた一方で、大規模な伐採利用を制限するために、1910年代からフランス人などの努力によってカンザ地区のマングローブ林域は自然保護地となっている。さらに、1917年には台風の際の防風林や土壌侵食防止のための森林保護条例が制定されている。もちろん、保護保全の対象地ではあるが、小規模かつ日常的に薪炭林、用材等の利用が地域の人々よって続けられていた。熱帯アジアの沿岸域で典型的とも言える豊かな自然資源の湛えていたマングローブと人々との持続的なインターフェースは、枯れ葉剤散布に代表される戦争の影響によって1970年半ばに破綻してしまったのである。カンザ地区は、隣接するカマウ地区などのマングローブ林域と同様に、当時解放戦線軍の基地があったこともあり、大量の枯れ葉剤が空中より集中的に散布されたのである。

マグローブ林再生に関する記録(Cao Van Sung(editor-in-Chief),1998 ほか)をたどれば、カンザ地区では、枯れ葉剤が大量に空中散布されていたその最中の1968年からマングローブの植林が始められている。生活を守るため、水産資源回復のために、地域の人々による小規模かつ自主的な行動であった。このような行動が行われた、また、その後も大規模に植林を行うことが可能であった要因として、2点をあげることができる。第一に、マングローブ林の生育立地は、程度の差があっても、満潮時には海水・汽水の影響下にある塩間帯(あるいは、エコトーン)となっているために、急速な土壌浸食が生じていない限り、マングローブ林のための特殊な立地が保全されていた。第二に、マングローブ林の代表である Rhizophora 樹種に関して、大形の胎生種子を大量につけるので、再生のためには十分に大きくなった胎生種子を柔らかな立地に差し込むことが植栽の全てであり、維持管理の手間も多くかからず活着率も高いことである。

マングローブ林再生の組織・体制に関して示すなら、ホーチミン市人民委員会は、1978年8月にマングローブ生態系再生のためにホーチミン市森林局に Duyen Hai 植林事業部(現在の名称は、ホーチミン市環境保全林管理委員会)を設けている。それは、首都ホーチミン市を守る緑地帯を創造する復興政策の一環として位置づけられていた。この頃から、本格的に進められたマングローブ林の植栽は、ホーチミン市の学生・生徒のボランティアおよび地元雇用の人々によって行われ続けられた。植栽されたのは、*Rhizophora apiculata* であり、植栽面積の累計は、図1に示される。

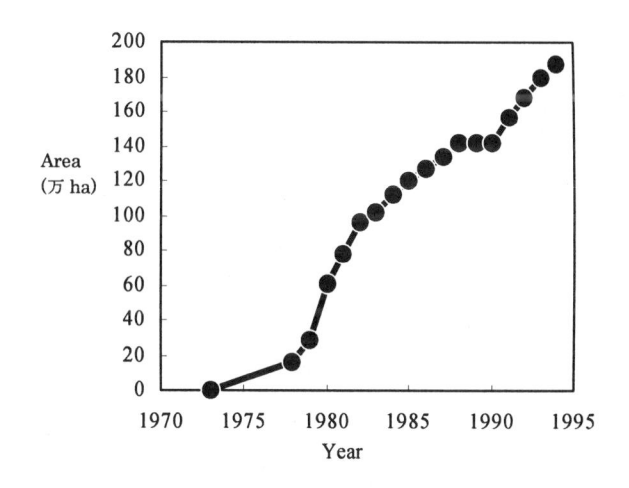

図1 カンザ地区の *Rhizophora apiculata* 植林面積の推移(Hong, 1996[4]).

現在のカンザ地区は3万ha以上の大面積でマングローブ林を見ることができる。政府(人民委員会)によるマングローブ植林が大規模に行われてきたことに加えて、伐採の規制もされていたからである。特に1986年からは人民委員会・地方政府によって精力的に植栽が進められ、1998年までに地区の面積の54%の植林を終了した[5]。2004年1月時点で、ほぼ全てのマングローブ再生すべき土地への植栽を終了している。

植栽されて15年以上経過している再生マングローブ林は、現在10-20mに達する *Rhizophora apiculata* が中心であり、自生した *Avicennia*, *Sonneratia* などが開放水域に接する辺縁部に樹林を形成している。これらマングローブ林は、30数年前に完全に破壊された跡地に森林を再生させたものとして、その面積の広大さおよび原(始)植生の復元/再生という意味から高く評価されるものである。世界的にも注目されるマングローブ林再生事例となっている。当初、最も有用樹種であり、種子の収集と植栽が容易な *Rhizophora apiculata* 1種のみの植栽が行われてきたが、現在は他の樹種も立地条件に応

---

[b] マングローブ植物の学名が続くが、いずれの種も東南アジアでは一般的であるので関心のある方は、これらの学名に親しみを持ってほしい。

じて植栽されている。

そして、2000年にカンザ地区の自然環境は、再生させたマングローブ林への高い評価が与えられて、ユネスコ・MAB(人間と生物圏)計画の推進する「生物圏保存地域 Biosphere Reserve」に指定されている。東西約30km、南北約30kmの地域である。

これらマングローブ林再生地に隣接して *Nypa fruticans*(ニッパヤシ)が植栽され、成長した葉茎、種子などは経済的価値もあり有用な植物資源として利用されている。カンザ地区に広がる *Nypa fruticans* は、マングローブ林再生地とはゾーンが区分されており、植栽・管理・利用が計画的に行われている。

写真2．カンザ地区の再生マングローブ林(2004)

写真3．同地区の再生マングローブ林内(2003.6)

問題点を指摘するなら、カンザ地区は、えび養殖池の拡大が見られ、数年前まで塩田であった土地がより収益性の高いえび養殖池に再開発されつつあることである。その規模も1ha前後であったものが周辺の再生マングローブ林を切り開きながら、大規模化している。また、干し魚などの水産加工工場も建設されている。

マングローブ林再生のための植林事業がほぼ完了し、維持管理のための労働もほとんど必要としないため、これまでマングローブ植林を行ってきた地元住民の新たな雇用が必要となった。その結果、最近ではマングローブ林を伐採し開発する港湾や道路拡幅工事[c]も進められている。またマングローブ林の一部は森林公園となっており、再生マングローブ林が成長したこともあり、最近では観光客が増加しており、ごみの増加と自然の荒廃が新たな問題として発生している。

若干のデータと考察

図2　植生高、種類数と *Rh. apiculata* の関係（カンザ地区）

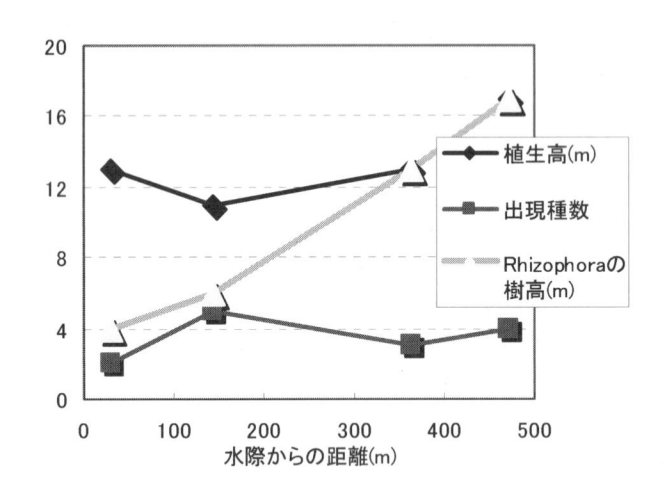

2001年以来、カンザ地区のマングローブ林を3度訪れる機会があり、若干の自然環境再生のデータを測定した。有用樹種である *Rhizophora apiculata* 1種だけが1978-1985年に植栽された Long Hoa 地点について水際線から内陸に向けて500mのラインを設定し、植生高、出現種類数（100 m²当り）、植栽された *Rhizophora apiculata* の樹高を調べたのが、図2である。すでに11-17 m²の樹林を形成しており、出現する種類数は、2-5種を数える。水際から300m付近までは、植栽された *Rhizophora apiculata* ではなく、その後に侵入してきた *Avicennia alba* が優占している。水際線近く、海水・汽水の影響を強く受ける立地では、*Rhizophora apiculata* の十分な成長が得られなかった結果である。この事実は、現在のマングローブ植栽方針の有効性を示している。その方針とは、かって有用・経済的樹木となる

---

[c] 例えば、カンザ地区では再生されたマングローブ林を開発して、2車線道路を6車線に拡幅している。

Rhizophora apiculata の1種に限定した植林を行っていたが、単一樹種による弊害と立地によっては十分な成長が得られず、侵入した植物に取って代わられる経験から、現在では立地条件に応じて多くのマングローブ種を植栽がされていることである。

おわりに

最近、自然環境復元に関してミティゲーションという言葉が使われている。ミティゲーションは、開発に際して保護・保全の対象となる自然環境・生態系への影響が予測される際に取る対応策のことである。開発計画を変更して生態系への影響を回避するレベルのものから生態系への影響を回避できないため別の場所にビオトープを代償的に設けるレベルのものまである。もっとも、どのレベルのものであっても、NO-NET-LOSS原則(生態系の質的低下が避けられない場合には、代償されるビオトープはより広い面積が必要となる)が求められる。ミティゲーション事業では、ビオトープが地域固有性を反映した生物相の導入や遺伝子資源の保全を考え、流域内からの生物導入に限定する主張も出ている。

ベトナムのマングローブ林再生を海外の壮大なミティゲーション事業の事例として見てみると、私達の取り組んでいる自然環境復元がミティゲーション事業へと発展させていく意味を理解できる。ベトナムの事例では、自然環境が荒廃した時点(枯れ葉剤による裸地化)から始められ現在も続けられている地道で長期的なものであり、人間活動・地域の人々とのインターフェースに基づいて実施されてきた事業でもある。地道で長期的であると強調した意味は、真の自然環境の復元とはその生態系の構造と機能を同時に復活させることであるからである。成果を早期に期待した風景的な復元では不十分であり、それなりに復元する面積も必要であるということでもある。単に環境保全だけを考えたマングローブ林再生ではなく、人民委員会が植林・環境再生のノウハウを十分に獲得し、地元の人々とのコラボレーションを組織し、地域環境の再生と人々の生活との整合性を常に考えて行われてきたのである。日本からボランタリー、ツーリズムで海外の植林事業に参加する方々は、緑化への貢献に満足するだけでなく、地域の人々と自然環境・緑とのインターフェースについての理解を前提として参加し、ミティゲーションとしての自然環境復元に貢献をしていただきたいと願っている。

追記:本報告は、「大阪大学－ベトナム国立大学拠点大学方式交流計画」(学術振興会)における「開発に伴う自然環境の変遷に関する調査とその特性解析」分野として、平成13-15年度に北宅善昭(大阪府立大学)、宮城豊彦(東北学院大学)、吉野邦彦(筑波大学)の各氏らと実施した現地調査を踏まえている。また、実質的なオーガナイザーでもあるホーチミン市農業局 Agricultural and Rural Development Service, Forestry Department の Dr. Vien Ngoc Nam(Mangrove & Community Forestry Expert)などからのヒヤリング調査結果も反映している。

引用文献

[1] Cao Van Sung(editor-in-Chief), 1998. *Environmental and Bioresources of Vietnam: Present Situation and Solutions*. The Gioi Pub., 235p.

[2] Le Duc Tuan, et al., 2002. *Can Gio Mangrove Biosphere Reserve*. Nha Xuat Ban Nong Nghiep, Ho Chi Minh, 311p.

[3] Nam, V.N. and My, T.V., 1992. Man grove Protection. A changing resource system: Case study in Can Gio District, South Vietnam. *Field Doc*. No.3, FAO Bangkok, 13-18. / Hong, P.N. and San, H.T., 1993. *Mangrove of Vietnam*. The IUCN Wetland Program, Bangkok, P.35-41.

[4] Hong, P.N., 1996. Restoration of Mangrove ecosystem in Vietnam. In: *Restoration of Mangrove Ecosystems,* C.Field(ed.), Inter'l Society for Mangrove Ecosystems, Okinawa, p. 76-96.

[5] Kitaya, Y., K.Suzuki & T. Miyagi, 2003. Ecological Rehabilitation of Mangrove Forests and Coastal Swamp Ecosystem in Vietnam.*Annual Report of FY 2001, The Core Univ. Program between JSPS and NCST*. P.172-180.Osaka.

海外事例研究　OVERSEAS CASE STUDY

杭州市の生態開発　－西湖の拡張及び浙西大峡谷の事例－

中沢　章
杭州 renkou consulting[1]

Akira NAKAZAWA： Eco-development in Xitong City

はじめに

現在、中国では「生態*」をキーワードに都市や近隣農村の山林や湿地帯の保護が急ピッチで進められている。

国家環境保護総局では、1995年に「全国生態モデル区建設規則綱要」を制定し、生態モデル区の指定を進め、生態省、生態市、生態県の建設を急いでいる。今回レポートする中国浙江省の杭州市においても、2015年までに「生態市」を建設すべく、現在法整備や環境保護、自然開発等を進めている。

本稿は、杭州在住の筆者(中沢)の現地視察及び、2003年11月に訪中した「NPO法人日中経済環境中心**」への同行視察を元に、杭州市のシンボルである「西湖」の、政府による再開発計画と、杭州市の衛星都市である臨安市の民間観光開発、「浙西大峡谷」について、開発の背景であるまちづくりや観光振興の観点も整理し、あわせて報告する。

*:中国語で言う『生態』とは生物環境だけではなく、「エコロジカル」など形容詞的意味も持っている。
**:http://www.xitong.net/iceco/

1章　「西湖」の再開発

I　浙江省・杭州・西湖の概況

1　浙江省の概況

中国・浙江省は、人口4,677万人、中国東南部の揚子江デルタ地帯に位置し、工業、対外貿易、農業ともに盛んであり、2000年のGDPの伸び率は全国平均を数%上回る11%に達し、国内でも有数の発展を見せている。

また気候的には日本の太平洋岸部に似て、四季の変化がはっきりしており、冬季の積雪も少ない。政府レベルでは、静岡県、栃木県、福井県と友好関係を締結している。

2　杭州市の概況

杭州市は浙江省の省都であり、人口約629万人。この杭州市の下部の行政単位として、8区、3市、2県が存在し、区人口は368万人に達する。杭州は、古くは南宋の時代の都であり、歴史的な建造物や景観地が多く、中国有数の観光地であり、2002年には2,652万人が訪れている。

3　西湖の概況

「西湖」は杭州市の中心部に位置するシンボル的な存在であり、周辺の多くの歴史的建造物や景観は多くの観光客を引きつけている。その面積は、現在約5.68km2、南北3.3km、東西2.8km、外周が約15kmである。(注：2003年10月以前の数値)

II　西湖の再開発

1　西湖再開発の概要

杭州市のシンボル「西湖」及び周辺の再開発は2002年2月、西湖の南側の「西湖環湖南線整合工程」を皮切りにスタートし、同じ年の10月に完成、現在、バーやレストラン、喫茶店などの洋風建築が立ち並ぶ現代的な通りになり、湖側には散策路が設けられている。

---

[1] 杭州 renkou consulting (http://www.renkou.com/)、E-mail: akrnkzw@yahoo.co.jp
URL　http://env.web.infoseek.co.jp/report/

中沢 章

　続いて、「西湖総合保護工程」が、2002年12月に開始された。これは、「新湖濱景区建設」、「西湖湖西総合保護工程」、「梅家(土烏)茶文化村建設」の3つからなり、前者の二つの工事は、道路整備や湖の拡張及び生態系の復元を含む大がかりなものである。

2　西湖湖西総合保護工程－西湖の拡張

　さて、西湖湖西総合保護工程の中に、西湖西側部分を対象にした、湖面拡張及び生態系復元工事がある。これは、元々5.68km2であった西湖を6.5km2に拡張、さらには周辺の生態系に配慮し百数十万株の水生植物を配し、これには15億元を費やしている。また、この地区では、撤去された住宅は933戸、企業は125件に達する。

　この工事が、10ヶ月の工事を経て、2003年10月に完了し、観光客等へ一般開放された。筆者(中沢)は、この時初めて、この工事の内容を知り、その内容に興味を覚え、現地に向かい取材を行った。

3　巨大ビオトープの出現

　西湖は、自然にできた湖であるが、都市部に位置することもあり、岸辺のほとんどがコンクリートで固められ、さながら人工の池のようであった。

　拡張された部分には、コンクリートによる護岸等がなく、一目見て植えたばかりだと分かるような水生植物が、あたり一面に広がり、巨大なビオトープを形成している。

写真1　西湖西側拡張部分とビオトープ

　また、湖の拡張によって、南北に走る「道路」(西山路)が「堤」(楊公堤)へと変貌を遂げた。

　楊公堤(西山路)は全長3.4km、西湖西側を南北に走る道路で、道路の東側が西湖、西側に畑や工場、民家が位置していた。今回の工事で、その道路の何カ所かを小さな橋にし、その下に水を通すことで、この西側拡張部分に引水し、この道路がまさに「堤」となっている。

　湖西部分は湿地帯が480ha、そのうち70haが水面になり、周辺部の植樹は二十数万本以上、水生植物は百万株以上、結果、緑地が80万m2あまり増加。(その内訳は、水生植物が、アシ・ヨシ、菖蒲、イチハツ、水葱、マモコダケ、ジュンサイ等66品種、百数十万株、植樹が1.5万本の高木、18.6万株の灌木、6.5万本の支修竹。被覆面積は、13.6万m^2、芝生の敷設面積は16万m^2。)*

　観光地であることから、足場の確保や、景観に変化を付けるなどの工夫が見られ、1周1時間ほどの行程は飽きさせないものとなっている。

写真2　拡張された西湖から見た楊公堤
（橋の下部が水の通り道になる）

写真3　拡張された新西湖を望む

*都市快報 2003/9/24

写真4 拡張部分の途中にある石の橋
（公園的要素も強い）

Ⅲ 西湖の水質状況

1 西湖の水質区分

中国では、個々の水質測定結果は公表されておらず、水質状況に応じて、何類に分類されるかで、その水質状況を表現している。表1は湖・ダムの各項目ごとの基準値である。

表1 湖・ダム特定項目基準値

	標準値				
	Ⅰ類	Ⅱ類	Ⅲ類	Ⅳ類	Ⅴ類
総燐	0.002	0.01	0.025	0.06	0.12
総窒素	0.04	0.15	0.3	0.7	1.2
クロロフィルa	0.001	0.004	0.01	0.03	0.065
透明度(m)	15	4	2.5	1.5	0.5

2 西湖の水質状況

2003年6月の国家環境保護総局の発表*では、2002年の西湖の水質は、湖北省武漢の東湖、山東省済南の大明湖とともに水質類型Ⅴ類にも劣る、つまり最も汚染が進んでいるとの指摘を受けた。

西湖は都市部の湖で、さらに水の流入出が少なく安定していることもあり、富栄養化が著しく進行している。

財団法人世界湖沼環境委員会のニュースレター(1990年 No.15)によると、88年において既に、総燐が173mg/m3、「杭州科技」(2002年6月)の論文「西湖流

---

* 2002年中国環境状況公報
http://www.zhb.gov.cn/649368298894393344/20030606/1038759.shtml

域汚染治理対策」の調査結果では、総燐が84～130mg/m3、葉緑素aが54～99、透明度が0.35～0.55mと、著しい富栄養化を示している。

Ⅳ 西湖の汚染対策

1 汚染の原因

汚染原因については、他の富栄養化の進む湖と同様、下記の原因が指摘されている。
①直接流入する生活排水、工場排水等の点源による汚染
②流入する4つの河川の汚染
③底泥自身から放出される有機物質
④周辺農地からの農薬・肥料等による汚染
⑤旅行客が原因となる汚染
⑥面源による汚染

2 西湖の汚染対策

杭州市は、この強富栄養化状態にある西湖を放置していたわけではなく、80年代以降、本格的な対策を始めている。以下その対策を紹介する。

1) 浚渫による対策

日本においても浚渫による湖の直接浄化は試みられているが、西湖においても、大規模な浚渫が、1952年と1976年に行われている。最近では1999年12月から2003年3月まで、2.31億元をかけ、340万m3の底泥を浚渫している。これにより、浚渫前の平均水深1.65mが、2.27mに増加、透明度も10cmほど昨年比で上がったと伝えられている。

2) 流入と流出のコントロール

西湖は水の流入出が少なく、湖内の水が入れ替わる期間が半年とも1年とも言われており、極めて閉鎖的な環境にあった。

そこで、西湖より南に2kmほどの河川「銭塘江」からポンプアップして引水する事業が、1986年から始められた。ところが、潮の満ち引きの関係で、時には河川水の濁りがひどく、さらには西湖からの流出口が少ないという問題もあり、この計画を抜本的に見直し、現在、さらに30万m3と10万m3の沈殿池を建設し、ある程度の透明度を確保してから、西湖へ引水する方法を採用した。この沈殿池は年間に、1.2億m3を引水できることから、計算上、西湖の水を月に1回入れ換えることになる。

この沈殿池から6カ所の流入口を経て、西湖へ注水し、もともと4カ所しかなかった流出口を5カ所増やし、全

部で9カ所とし、これにより流入出の速度を上げている。
3) 汚濁発生源のからの流入抑制

　70年代以前は、西湖近くの工場、ホテル、民家等の排水が直接西湖に流れ込んでおり、そのため著しい水質の悪化が見られた。そこで、80年代以降、西湖の周りに全長 9.4kmの下水管を回し、市の下水処理施設へと流すようにしている。

　こうした点源の制御の他、今回の工事では、湖西地区の面源対策に力を入れ始めている。この湖西地区は、西湖への流入河川4本のうち3本が流れているからである。
　一つには、楊公堤景区(湖西景区)477haの日量5千トンの汚水を市の下水管に流す計画で、現在試運転中。この汚水ポンプの機器関係で、500 万元をかけ、イタリアのごみ粉砕機、スイスやドイツの計器やモニター機器を導入している。
　また、湖西地区の流入河川流域の農村 100 戸余りの生活排水や、ホテル、レストラン、商業施設等約50軒の排水も、汚水管を設置し、市の下水管へつなぐ計画である。*
4) 水生生物による自然浄化

　今回の湖西地区約 70haの水面拡張では、その周辺はコンクリートを使わず、水生植物を植え、失われてしまった湿地帯としての生態の復元を試みている。またこれにより、水質の改善効果を期待している。
　浚渫、流入水の増加、汚濁負荷の削減等は、以前から行われていたのに対し、この水生植物は今回初めての試みである。

V　西湖開発のねらい

　さて、これまで、西湖西側の拡張工事と、西湖の水質状況とその対策について概観してきたが、この西湖拡張工事は、単なる水質改善のためだけの事業ではなく、観光振興を視野に入れたまちづくりの一環としての役割を持っている。

1　西湖開発のコンセプト

　西湖開発のコンセプトは、「東熱南旺西幽北雅中静」を実現する、つまり、西湖の東は活気があり、南は盛ん、西はひっそり(幽玄)、北は雅、湖上は静かな場所を作り

---
*都市快報 2003/11/12、
http://www.zj.xinhuanet.com/newscenter/2003-11/12/content_1184791.htm

上げることである。つまり、一つの湖という資源を多方面から最大限に有効利用しようとする姿勢が伺える。
　表2に西湖開発のコンセプトと、その現状、開発状況について整理した。筆者の実感であるが、着実にこのコンセプトが実現に向かっている。

表2　西湖開発のコンセプト

地区	ねらい	現状と開発
東	熱 (熱気・活気がある)	2003年10月、新湖濱景区完成。すぐ東には杭州市一の繁華街延安路等が控える。
南	旺 (人出が多く盛んである)	2002年12月南線工事完了。現在、バーや喫茶店、レストランが建ち並び、少し高級感のある通りになった。
西	幽 (幽玄)	もともと農地利用が多い。今回の開発で、西湖が西に広がり、湿地帯として生態系の復元が試みられた。特に、「西湖西進」と呼ばれ、旅行客を西へも移動させる戦略的な場所となっている。
北	雅 (雅やかである)	歴史的建造物が多い。
中	静 (静かである)	真ん中に島がいくつかあり、船で渡ることができる静かな場所である。

(新聞記事を元に作成)

2　三百年前の自然環境の復元を目指す

　その昔、漢や唐の時代には、西湖の面積は現在の2倍近くあり、西湖が最も美しかったと言われる三百年前には、湖西部分も湖で、それが水量の減少とともに、農地、宅地、工場へと姿を変えた。
　西湖は古くから、「一湖二塔三島三提」の貴重な風景があると讃えられており、このうち、失ってしまった貴重な風景、三百年前の美しい姿を復活させることが、今回の拡張の目的でもある。

3　観光資源として最大限に活用

杭州は、中国国内では非常に有名な観光都市であり、一泊二日程度の近距離型に分類される。

杭州市の生態開発 －西湖の拡張及び浙西大峡谷の事例－

写真5 三百年前の建造物を模した休憩所

写真6 新西湖湖畔の建築中の建物
（白壁の古い民家を模したもの）

現在、中国では、国内旅行を中心とした観光ブームに沸いているが、国内の他の観光地がライバルとなり、客の争奪がますます激化していくと予想できる。また、目を国外に転ずると、国内でこれほど有名な杭州・西湖も、日本を含め海外での知名度は今ひとつである。

改革開放、国際化を命題として突き進む中国、工場誘致だけでなく、観光地にとっても、海外の旅行客を確保することの重要性は言うまでもない。そこで、前項で述べたコンセプトに従い、西湖の多面的な顔を引き出し、魅力ある観光地を作り上げようとしている。

Ⅵ まとめ

国の体制が違うことから、単純な比較はできないが、以下は日本との比較を含めた雑感である。

①開発のスピードがとにかく速い。
②杭州市は「国際観光都市」、「世界の西湖」という将来ビジョンを強く持ち、それに向かって邁進している。
③それを実現するための住民の合意形成の問題が日本よりも容易である。

さて、西湖の再開発事業のうち、西湖西側の拡張工事と水質浄化対策について、その背景を含め紹介してきた。西湖拡張は、まちづくりのコンセプトに組み入れられた上で、シンボルとしての西湖の水質改善、生態系の保全、人の審美眼に合う景観の再構成が同時に行われ、これによって「杭州」のブランド価値を高め、国内・国際競争を勝ち抜こうとしている。

杭州市では既に西湖の東、西、南側の再開発に着手（或いは完了）したわけだが、2004年は西湖北側及び杭州市最大の湿地帯である西渓地区*の保護開発を進めていく。さらには、2015年を目標に「生態市」の建設を決議しており、今後杭州市では、環境、観光、まちづくりの融合をテーマに実験を続けていくものと思う。

2章 浙西大峡谷の観光開発と環境汚染

2003年11月に静岡県のNPO法人日中環境経済中心の訪中に同行し、浙西大渓谷を視察した。現在中国で人気を集める「生態旅遊」について、さらにこの地の環境汚染問題について報告する。

Ⅰ 浙西大渓谷と生態旅遊

1 浙西大峡谷の概要

浙西大渓谷のある臨安市は、杭州市に隣接する県クラスの市。96年に県から市へ昇格し、人口約51万人である。臨安市は自然が豊かで風光明媚な環境を生かし、近年「生態旅遊開発」に力を入れ、97年には、国家環境保護局より「生態モデル区建設市」に指定されている。

その臨安市の生態型観光地の代表が浙西大渓谷で、国家級の自然保護区内に位置し、99年に「浙西大渓谷旅遊開発有限責任公司」が設立され、開発が始められ、現在では、国家4A級の観光地となった。その全長は83kmに及ぶ中国華東地域一番の大渓谷で、年間に約30万人が訪れる。

2 生態旅遊とは

この大渓谷は、「生態旅遊」のキーワードで、開発されており、つまりは自然の生態をできるだけ残した形で、例えば吊り橋を架ける、歩道を通す、休憩所を設けるという最小限の開発が行われている。

---
*西渓湿地の再開発については筆者のサイトを参照
http://env.web.infoseek.co.jp/report/

写真7　浙西大峡谷

写真8　浙西大峡谷

この「生態旅遊」は、「エコツアー」とほぼ同じ概念で、中国においても、ここ数年現れてきた新しい概念であるが、現在日本以上に人気があると言える。

この背景には、需要サイドである国内旅行客の増加、都市部住民の自然志向というニーズ、そして供給サイドである都市周辺の山林地・農村の産業振興や雇用確保のねらいがあり、この両サイドのニーズがうまく合致している。また、供給サイドから見れば「生態開発」であることから、最小限の投資で済み、大きな投資回収効果が期待できる。

3　農業資源の観光化

この浙西大渓谷近辺は、もともと農業が中心で目立った産業がなく、工業や貿易で潤う沿岸部に比べると遅れた地域であると認識されている。

都市と農村の経済格差が広がり、都市部の生活様式が現代化し、毛沢東の「農村に学べ」の時代が遠い過去のものとなりつつある今、都市住民が観光という新たな観点で新たに農村を捉え始めているようである。

この辺りの山には竹林が多いが、手入れがなされており、竹は工芸品などに活用されている。また、我々が昼食を取ったレストハウスは、内外装ほとんど全て竹や木材を利用したものであった。見学施設には、自然エネルギーを利用した水車や脱穀機などが展示されていた。

写真9　レストハウスの内部（竹と木材で作られている）

Ⅱ　河川の汚染問題

1　大渓谷の工場排水による河川汚濁

今回のNPOの浙西大渓谷の視察目的は、その自然環境のすばらしさ、生態開発の状況視察に加え、現地で起きた工場排水による河川汚濁の現場視察及び助言がある。その状況について説明する。

この大渓谷を流れる河川の上流に、蛍石加工工場が3社あり、そのうち2社が廃水を垂れ流し、河川水が白濁、これを見た市民が市長ホットラインを通じて通報。すぐさま現場に入った臨安市環境保護局が、現場の操業停止を命令。（罰金は1万元）

この蛍石加工工場では、以前から蛍石が採掘され、主成分であるフッ化カルシウムを取り出す加工を行っている。三社ある工場では、蛍石を粉砕し浮選を行い、フッ化カルシウムを抽出し、乾燥させた粉末をパッキング。その残さ（汚泥）は、河川そばの堆積場（沈殿地）に野積みされており、これがあふれ出し、河川へと流出、河川水を白濁させてしまったようである。NPOでは、現場の視察を行ったが、写真のように確かに流出が認められた。

2　環境保護局の対応とNPOの助言

さて、臨安市環境保護局の対応をまとめると、加工工場に対し操業停止、その後残さ堆積所の壁を直すことで、再操業を認める。

写真10　蛍石加工残さ沈殿地

写真11　河川に堆積する蛍石残さの様子

NPOサイドでは、この蛍石加工残さは建材等への再利用の可能性があることを指摘。

環境保護局の見解は、残さの埋め立ては地下水汚染の懸念があるため難しく、建築材料への再利用は、交通が不便な場所で、輸送コストが高くつくため、今後検討を行っていくというものである。

3　汚染の背景

新聞*によると、この工場のある新橋郷の主要産業は農業で、胡桃が特産物。依然として村民の3分の2の生活は貧しい。この村の唯一の工業が蛍石採掘・加工であり、付近の村民の多くが関連する労働に従事、その最高月収が千元（14000円・1元14円で計算）、少ない者でも5、600元の月収になり、これは、この村民の収入としては相当な金額になるという。

つまり、村にとって、蛍石は唯一の工業であり、雇用

---

* 2003/11/12　新華網浙江頻道
http://www.zj.xinhuanet.com/newscenter/2003-11/12/content_1184791.htm

の確保ができる工場の存在価値の高さは言うまでもない。この地域や工場に限って言えば、河の水よりも蛍石の方が大事なのかもしれない。

Ⅲ　中国の開発と環境問題とは

後に聞いた話では、浙西大渓谷は99年頃の開発当時の水は大変美しく、その後、この水が濁りはじめた原因は、この蛍石加工工場の他に、実は「ダム開発」がある。この工事の際に出る土砂も濁りの原因の一つのようで、生態旅遊を売りにする浙西大渓谷開発公司では頭の痛い問題であるという。

この浙西大渓谷は、国家自然保護区にあり、生態旅遊景区でもある。この景観を生かしたエコ・ツアーが人気を集める中、その上流に村唯一の工業があり、さらにダム建設が進められている。

今回の視察では、同時に現れてきた中国の「開発・発展」と「自然保護」のせめぎ合いの縮図を見た思いである。さらに、前章の西湖再開発ともに言えることだが、都市及び都市近郊での生態の保護と自然環境の復元が、観光やまちづくりという観点から評価されており、さらに、それが杭州市の将来ビジョンに明確に位置づけられている。

最後に、この視察時に大変お世話になったNPO法人日中環境経済中心の皆様方に厚くお礼を申し上げます。

参考文献、参考サイト
・秋山恵二朗　（2000）：ビオトープ環境の創造
・杭州科技（2002/06）西湖流域生態環境研究組：西湖流域汚染治理対策
・杭州市旅遊委員会：杭州市旅遊業"十五"計画と2015年までの長期計画綱要
・財団法人国際湖沼環境委員会（1990/12）：ニュースレターNo.15　第4回世界湖沼会議「杭州'90」
・国家環境保護総局HP：http://www.zhb.gov.cn/
・杭州市旅遊委員会HP：http://www.gotohz.gov.cn/
・中沢章（2003）：中国・杭州環境事情レポート
http://env.web.infoseek.co.jp/report/
・その他杭州網、都市快報、新華網等の新聞記事をネット上で検索し、参考にした。

事例研究 CASE STUDY

関テクノハイランドにおける順応的管理の実践

木呂子 豊彦
(株)朝日コンサルタント環境本部

Toyohiko KIROKO : Practice of Adaptive Management in Seki Technohighland

摘要：自然再生推進法の施行以前に、順応的管理の考え方を採り入れた方法で、工業団地内の洪水調整池と、敷地内に残存した湿地の管理を行った。調整池の一部では、防水シートを敷設後、水生植物が植栽され、自然の再生が目指されていた。初年度の基礎調査で、湿地には貴重種のカザグルマやホトケドジョウが確認され、豊かな自然環境に恵まれていることがわかった。このポテンシャルを活かすことで、動物の移動等を通じて、人工的な環境である調整池の自然再生も果たされると判断し、その手段として、モニタリングで整備方法を評価し、適宜、方法を変更していく順応的管理を採用した。モニタリングと平行した除草や間引き、除間伐等から成る2年間の管理作業の結果、湿地内に侵入していた外来種は抑制され、新たに貴重種としてタガメが確認された。水生植物の植栽を終えた調整池には、少しずつ昆虫類や両生類、水辺の鳥が訪れ始めている。

キーワード：順応的管理、自然再生、湿地、コリドー、モニタリング
Keywords: adaptive management, natural restoration, wetland, corridor, monitoring

I．はじめに

　関テクノハイランドは、岐阜県内にある公園的機能を複合させたハイテク工業団地である。この敷地内には3ヶ所の洪水調整池(以下、調整池と略称す)があり、その内、北部の1号調整池と南部の3号調整池はパークランドと呼ばれ、自然環境のデザインに基づく公園的機能の拠点としての役割が期待されていた。また、敷地東側には、施設配置の関係で、細流や湧水に涵養された放棄水田が豊かな自然環境の残る湿地として取り残され、周辺山地に生息する動物の水場や昆虫類の繁殖場所として機能すると共に、貴重種であるホトケドジョウの生息地やカザグルマの自生地となっていた。この残余地の利用方法を検討した結果、自然環境としての重要度や、ビオトープ化を目指す調整池の自然再生に果たす役割等を考え、保全していくのが望ましいという結論となった。そこで、「順応的管理(Adaptive Management)」の考え方を採り入れ、2000年冬から約3年間にわたり、基礎調査を経て、湿地及び調整池の整備作業とモニタリングを継続し、適切な保全と管理の方法について検討を重ねた。以下に、その結果について報告する。

II．東側湿地の自然環境(基礎調査結果)

　東側湿地は約0.9haあり、北東から南西に緩やかに下る谷地形を呈し、谷を下る細流が見られる。谷内は湿地状となり、上流部からの細流と周辺からの湧水が湿地を涵養している。最下流部は池となり、複数の水路の水が流れ込み、流末は側溝につながっている。初年度は周辺の建設工事が進む中で、湿地の水収支や自然環境に関する基礎データの把握に努めた。図－1

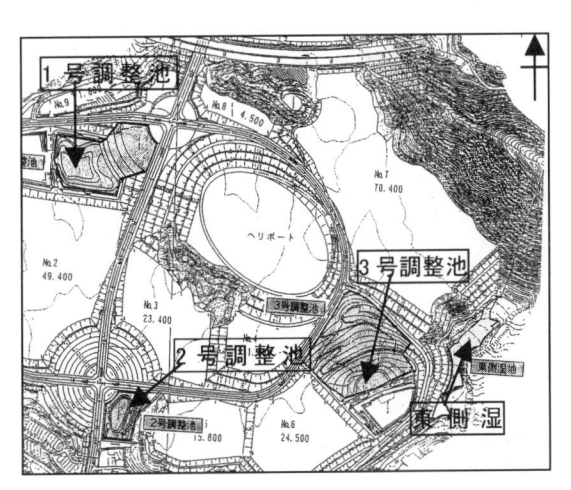

図－1　敷地全体図

に敷地全体図を、図-2に東側湿地の地形図を示す。

1. 基礎調査の内容
初年度に実施した、湿地における基礎調査の内容は以下のとおりである。なお、調整池はまだ工事が完了しておらず、初年度は水位と流量の観測のみを行った。
- 植物調査(群落分布、コドラート調査)：2回(春・秋)
- 動物調査：哺乳類2回(春・冬)、鳥類4回(春・夏・秋・冬)、両生・爬虫類3回(春・夏・秋)、魚類2回(春・秋)、昆虫類3回(春・夏・秋)
- 土質調査(オーガーボーリング)及び土壌分析試験：4点1回
  【分析項目】pH、粒度、土粒子の密度、自然含水比
- 水質分析試験：3点3回
  【分析項目】pH、BOD、COD、SS、DO、大腸菌群(MPN)、n-Hex、T-N、T-P
- 水位・流量調査：水位・沈砂状況及び流入出量の観測 原則月1回

2. 水文環境
湿地内には軟弱な粘土層が幅広く分布しており、上流部で薄く、下流部になるほど厚くなり、池の周辺では2mを越える厚さとなっている。湿地上流部からの細流や湧水、隣接敷地から池への流入分等を合計した流入量は最大 0.002m3/s 程度であり、これは池末端からの流出量とよく一致した。降雨時にも測定を行ったが、直接降雨分が加算された最大流出量は 0.0084m3/s(降雨量 30 mm/日)であった。水質に関しては、全体にpH6～7の酸性を示すものの、特に水質悪化を示す数値は見られなかった。なお、2000年4月以降、工事に伴い、湿地流入水の一部がパイプで側溝に流されるようになった。

3. 植物相
湿地内にはハンノキ群落が形成され、谷筋の両側に

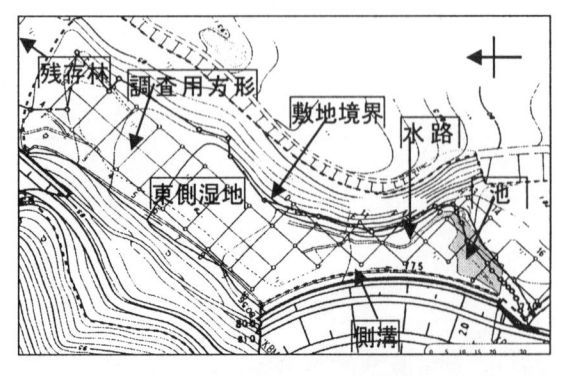

図-2 東側湿地の地形図

はコナラ群落が成立している。ハンノキ群落には、ノリウツギ、イヌツゲ、ミヤマシラスゲ、セリ、ミゾソバ、ヨシ等の水辺を好む種が確認され、また、注目すべき種として、環境省改訂版レッドデータブック絶滅危惧Ⅱ類のカザグルマ(キンポウゲ科)が確認された。コナラ群落には、アベマキ、ヤマザクラ、タカノツメ、ヒサカキ、アセビ、ネザサなど二次林によく出現する種が確認された。また、池の周辺には抽水植物のガマ群落やキショウブ群落(植栽)、イ群落などが見られた。工事直後で裸地化していた西側の側溝沿いには、春の調査ではヤハズエンドウ群落が成立し、秋の調査では外来種のセイタカアワダチソウ群落が成立していた。セイタカアワダチソウは湿地内の乾燥が進んだ箇所にも侵入し、湿地の一角には、同じく外来種のアメリカセンダングサ群落も成立していた。

4. 動物相
動物調査結果によれば、哺乳類ではノウサギ、ニホンリス、ヒメネズミ、テン、イタチ属(足跡)等が確認されている。鳥類ではゴイサギとダイサギ(いずれも飛翔通過)、キセキレイ、セグロセキレイ、カワセミ等の水辺を好む鳥や、森林性のアオゲラ、アカゲラ、コゲラ、シジュウカラ、ヤマガラ等が確認されている。また、ジュウイチ、オオルリ等の夏鳥、ジョウビタキ、シロハラ、ツグミ、カシラダカ等の冬鳥が確認され、周辺の樹林は夏鳥の繁殖地、冬鳥の越冬地になっていると考えられる。両生・爬虫類では、アマガエル、シュレーゲルアオガエル、ヤマアカガエル、アズマヒキガエル、ウシガエル等のカエル類やイモリが確認され、これらを捕食するシマヘビやヤマカガシも確認されている。魚類では、ヌマムツやドジョウ、ホトケドジョウ(環境省改訂版レッドデータブック絶滅危惧ⅠB類)が確認されている。狭い水域だが、個体数は比較的多い。昆虫類では、オニヤンマ、ギンヤンマ、シオカラトンボ、アキアカネ、ショウジョウトンボ等の豊富なトンボ類や、東海地方の湿地固有種であるヒメタイコウチの他、タイコウチ、ミズカマキリ、アメンボ類、ゲンゴロウ類等の水域依存種が確認されている。チョウ類では、キアゲハ等のアゲハチョウ類、ミドリシジミ等のシジミチョウ類、コムラサキやツマグロヒョウモン等のタテハチョウ類、ヒメウラナミジャノメ等のジャノメチョウ類が確認されている。以上のように、東側湿地には非常に豊かな自然環境が成立している。

5. 湿地の機能
調査地周辺にはモチツツジーアカマツ群集から成る丘陵性の山地が開けており、常緑のアカマツ林は多くの哺乳類が身を隠しながら移動できるコリドーとして利用されると共に、ニホンリスをはじめとする様々な生物

の採餌や繁殖の場所になっている。湿地は上流部のコナラを主体とした、幅20m程度の残存林を通じて、このモチツツジ－アカマツ群集から成る山地とつながっている。また、高木を主体とするアカマツ林は鳥類の生息環境としても優れている。これらの哺乳類や鳥類は当然、生息環境の一つとして水場を必要とし、残存林を湿地に連なるコリドーとして移動してくるものと思われる。このように湿地は生物の供給源である周辺山地と直接つながっていると考えられる。

次に、哺乳類や鳥類に比べて移動能力が劣る両生・爬虫類や昆虫類が、どこからやってくるのか考えてみる。カエル類やトンボ類、ミズカマキリ等の移動能力は1,000m程度、ゲンゴロウは700m程度とされる。周辺には湿地やため池がまだ数多く残されており、コリドーの一種である踏み石ビオトープの概念に従えば、概ね1km以内に本湿地に似た環境があれば、これらの生き物は順次移動してくることができる。一時的に水域を形成する水田もこれらの生き物の移動を可能にする。ただし、魚類については、湿地が嘗て水田で、水系が連続していた頃に生息していた種が、現在は取り残された状態で繁殖しているものと考えられる。このように、コリドーを通じて周辺から生物が供給される湿地は、距離的な関係を考えても、人工的な調整池の環境に対して、最も強力な生き物の供給源になる可能性が高い。

写真－1　湿地上流部のコリドー

Ⅲ. 管理計画

1. 順応的管理の採用

初年度の基礎調査の結果から、評価による改善過程を含む順応的管理(Adaptive Management)を採り入れた管理計画を立案した。その概要を図－3に示す。順応的管理とは、生態系の反応や生態系に関する知識が不確実な要素を含むことを考慮し、不確実性を処理するシステムとして考案されたものである。なお、管理作業の担当者が代わる場合も考え、成果は改善の余地を残した管理マニュアルとしてまとめた。

2. モニタリングの内容

1) 水文調査

原則2ヶ月に1回、水位・流量測定と共に、工事の影響等を把握するためにpH計による測定と、富栄養化の傾向等を把握するために電気伝導率計による測定を継続した。この水質測定で異常が見られた場合には、採水による水質分析試験を追加するものとした。水位や流量、水質等の水文環境は、湿地や池の自然環境を維持するうえで重要な要素であり、異常が見られた場合は直ぐに対応策をとる必要があり、図－4に示す原則的な手順を定めた。2001年のモニタリング結果から、湿地の陸化(乾燥化)の進行が認められたため、外来種のセイタカアワダチソウの抑制も兼ね、2002年は、湿地において、側溝とつながる池の流出部に堰を設け、水域の拡大を図った。堰の設置の結果、水域は1.5倍程度に広がった。

2) 生物調査

初年度の基礎的な調査と異なり、管理作業の一部として進められるモニタリングでは、誰もが関わりやすいように、調査方法をある程度簡便にしておく必要がある。以下にその方針を示す。なお、2年目以降は調整池の生物調査も付け加えた。

- 夜間の行動が多い哺乳類を除き、植物(群落分布)、鳥類、両生・爬虫類、魚類(湿地のみ)、昆虫類に限定した調査を行う。調査時期は鳥類を除いて秋季(9月)1回とし、鳥類については種数の多い冬季(翌年1月)1回とした。
- 魚類については、特に貴重種であるホトケドジョウの個体数に注目した調査を行う。
- 昆虫類は種数が多いため、初年度の調査結果を基に、湿地や池という環境を考慮した代表種調査を行う。代表種の例には以下が挙げられる。

【トンボ類】ギンヤンマ、シオカラトンボ、ヒメアカネ等
【水生昆虫】タイコウチ類、アメンボ類、ゲンゴロウ類等

- 除草や間引きなどの整備作業は、生物に関する知識を持った者が行えば、敷地内を一定のルートで歩く一種のルートセンサスと見なすことができ、作業中に気付いた種は、上記に限定せずできるだけ記録するものとした。

木呂子 豊彦

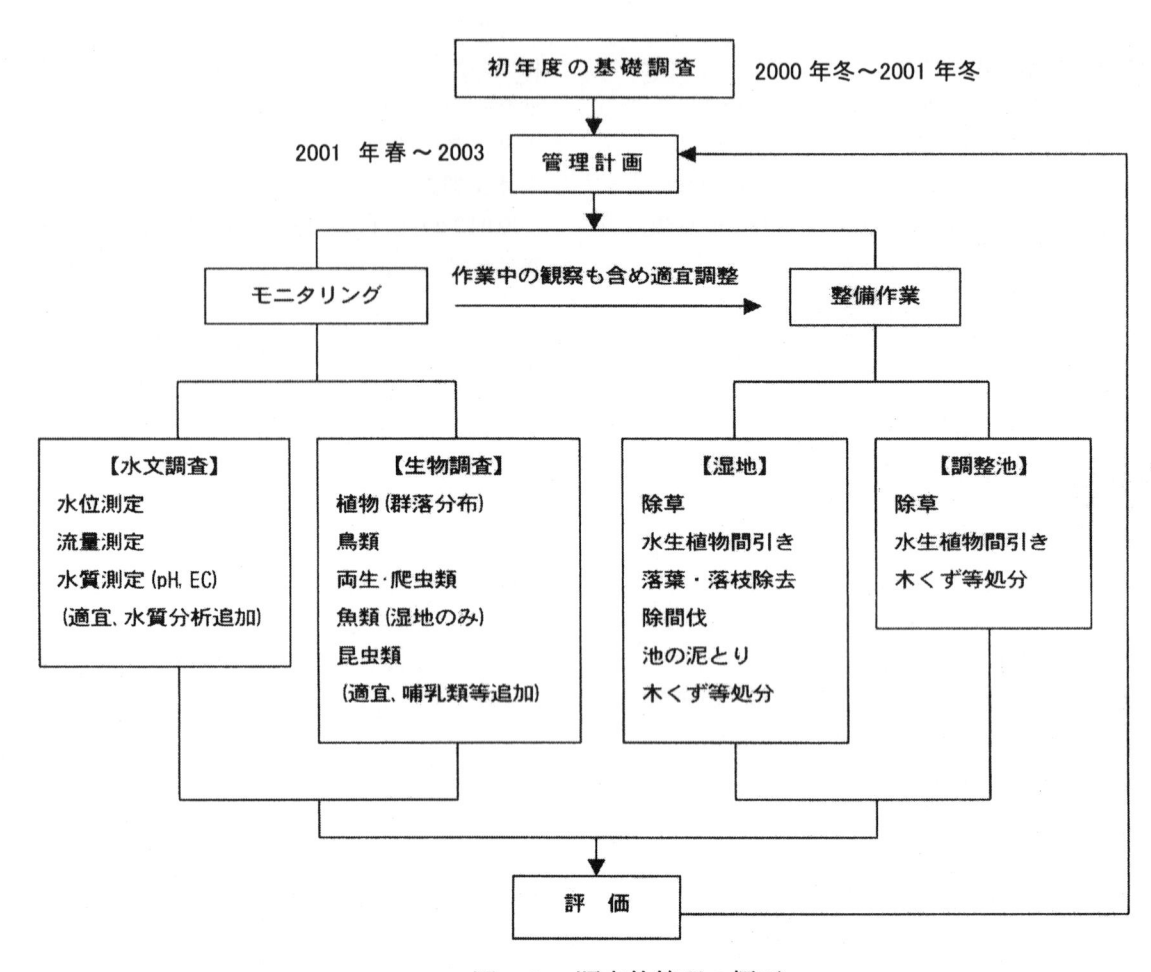

```
                    初年度の基礎調査    2000年冬～2001年冬
                          ↓
       2001年春～2003    管理計画  ←─────────┐
                          ↓                  │
              ┌───────────┴───────────┐      │
              │   作業中の観察も含め適宜調整  │      │
           モニタリング ────────────→ 整備作業  │
              │                       │      │
    ┌─────┬───┴───┐           ┌──────┴──────┐ │
 【水文調査】【生物調査】      【湿地】      【調整池】│
  水位測定  植物(群落分布)      除草          除草    │
  流量測定  鳥類            水生植物間引き  水生植物間引き│
  水質測定(pH,EC) 両生・爬虫類  落葉・落枝除去  木くず等処分│
  (適宜、水質分析追加) 魚類(湿地のみ)  除間伐              │
            昆虫類          池の泥とり                   │
         (適宜、哺乳類等追加) 木くず等処分                │
              │             │             │           │
              └─────────────┼─────────────┘           │
                            ↓                         │
                           評 価 ──────────────────────┘
```

図−3　順応的管理の概要

3. 整備作業の内容

1) 湿地

　湿地の自然環境を持続させ、人工的な環境である調整池に豊かな自然環境を復元する拠点とするために、湿地を嘗ての農家に代わり管理していく必要がある。具体的な整備作業には以下が挙げられる。

①除間伐と落葉・落枝等の除去

　湿地内に生えたハンノキやイヌツゲは陸化の進行の証であり、落葉・落枝を堆積させることで、さらに陸化を進める。しかし、強すぎる間伐は現在成立している湿地草本類に急激な日照条件の変化を与えるので、イヌツゲは皆伐するものの、ハンノキについては当面、枯れた木や折れた木の除伐と密集部の間伐に止めることにした。伐採時期は湿地草本類が枯れる冬季とする。また、落葉・落枝や枯れた草本類の堆積は自然に湿地を富栄養化していくので、できるだけ場外に除去する。なお、ハンノキ群落内には貴重種のカザグルマが分布しており、作業中に誤ってダメージを与えないように、初年度の基礎調査の段階で生育箇所にマーキングを行った。作業頻度は以下のとおりとした。

●除間伐と落葉・落枝等の除去　冬季(翌年1月)1回

②除草(草刈り)と間引き

　工事に伴い裸地化した側溝沿いには、外来種のセイタカアワダチソウが著しく繁茂し、景観を悪化させると共に、陸化の進んだ場所から湿地に侵入して、キショウブ群落やガマ群落にも影響を与えていた。湿地には、他に外来種としてアメリカセンダングサが侵入しており、今後、これらの外来種がさらに広がることも予想された。植物は一般に夏～秋にかけて翌年の成長のための栄養を蓄積するので、この時期に外来種の選択的除草(草刈り)を行うと、翌年の成長が抑えられる。また、自然植生であっても、水生植物の著しい繁茂は湿地内の植生のバランスを崩し、水流や開放水面等の障害になるので、繁茂しすぎる場合は適当に間引く必要がある。作業頻度は以下のとおりとした。

●除草(草刈り)と間引き　毎年2回(6～7月,9月。ただし9月はモニタリング調査終了後とする)

③池の泥上げ

　池に泥が堆積しすぎると、ホトケドジョウをはじめとする水生生物の生息環境が失われていく。そのため池の泥上げを行う必要がある。しかし、泥上げ作業自体がホ

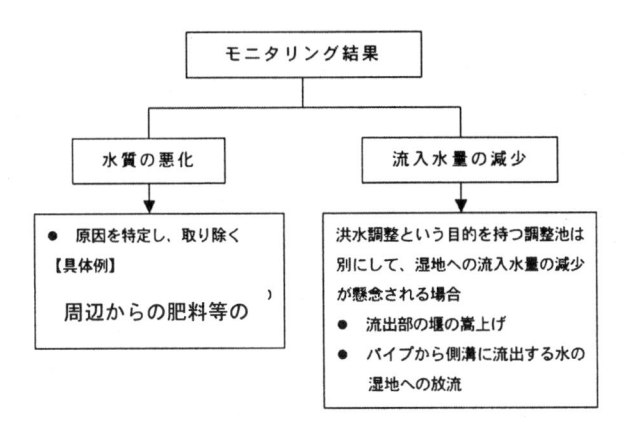

```
        ┌─────────────────┐
        │ モニタリング結果 │
        └────────┬────────┘
         ┌──────┴──────┐
    ┌────┴─────┐  ┌────┴─────┐
    │ 水質の悪化│  │流入水量の減少│
    └────┬─────┘  └────┬─────┘
```
- 原因を特定し、取り除く
【具体例】
周辺からの肥料等の...

洪水調整という目的を持つ調整池は別にして、湿地への流入水量の減少が懸念される場合
- 流出部の堰の嵩上げ
- パイプから側溝に流出する水の湿地への放流

図－4　水文調査と対応

トケドジョウに影響を与えかねないので、特に泥の堆積が著しい隣接敷地からの流入箇所を中心に泥上げを行う。時期は水生植物が枯れて作業がやりやすくなる冬季とする。水生生物が逃げられるように一度にやらず、部分的に日を変えて行う。また、泥は暫く池の傍らに放置して生物が池に戻る時間を与える。

●池の泥上げ　冬季(翌年1月)1回

④周辺落葉樹林の保全

敷地内には含まれないものの、湿地と周辺山地をつなぐコナラ群落は生物の移動路になるコリドーとしての価値が高い。また、湿地の両側斜面に残存するコナラ群落も、湿地への土砂の流入を止め、森と水辺の両方を必要とする生き物に生息場所を提供している。湿地を保全するということは、周辺の雑木林や水路等をセットで残すことに他ならず、現在のところ、本湿地には雑木林、水路、池がセットで残されており、これも湿地の価値を高めている。管理の一環として、雑木林を保全するための間伐を視野に観察を継続する。

2)調整池

パークランドとして、自然性の高い公園機能が期待されている1号調整池と3号調整池は、構造的に上池と下池に分かれ、その内上池には、敷設された防水シートの上に現地発生土砂と休耕田の粘土が投入され、周囲には親水のために陸域が形成されている。陸域にはヤナギやエノキ、ケヤキ、コナラ等が植栽され、水域には、2002年にヨシやマコモ、アサザなどの水生植物が植栽された。水域では、投入粘土中の埋土種子であったガマが、植栽された水生植物に混じって繁茂している。作業の対象は陸域が設けられた上池のみである。植栽は行われたものの、まだ十分に成長していない調整池での作業は、繁茂した雑草類の除草と、植栽された水生植物の生育を妨げるガマなどの間引きに限定した。作業方法は原則、湿地に準じるものとした。

Ⅳ.整備作業結果

1.除草の効果

2000年に一年草のヤハズエンドウ群落から遷移して以降、多年草のセイタカアワダチソウ群落に被われていた側溝沿いの植生は、除草作業の結果、2002年春には先駆種に位置付けられる二年草のヒメジョオン群落に変化した。通常、草本群落は、「裸地→一年草や二年草→多年草」と遷移していくと言われ、これは遷移が戻ったことを示している。大型多年草群落を適切な除草状態で管理するのは難しく、いったん一年草や二年草群落に戻して管理する方が効率的とされ、その意味では除草の効果があったと解釈できる。その後、ヒメジョオン群落は2002年秋にはカナムグラ(一年生ツル植物)－ヤブガラシ(多年生ツル植物)群落に変わったが、当面の目標としたセイタカアワダチソウ群落の抑制には成功している。また、長期の湛水で土壌を嫌気状態にして根の呼吸を妨げる方法も、雑草防除に効果的とされ、今回、湿地において、池の流末に堰を設置して水域を広げたことは、セイタカアワダチソウのような陸生の雑草には効果的であったと考えられる。一方で、セイタカアワダチソウに代わり、池周辺で水生植物のガマが広がる傾向も見られた。

2.整備作業時の観察

動植物に関する基礎知識を持った者が整備作業を行うのは、自然環境を維持する上で重要である。一例として、2002年9月に実施した作業に伴う動植物の観察結果を述べる。

1)湿地の除草・間引き

ハンノキの成長で全体に暗くなったせいか、日照を好むミゾソバやアメリカセンダングサが衰退した。前回の間引き以降、再び池に広がってきたガマとキショウブの間引きを重点的に行った。作業中、ギンヤンマ、ショウジョウトンボ、シオカラトンボ、オニヤンマ、ツマグロヒョウモン、キチョウ等の昆虫類が確認された。両生・爬虫類ではヤマカガシが、鳥類ではメジロが確認された。

2)調整池の除草・間引き

1号調整池では、ヒメムカシヨモギ、セイタカアワダチソウ等の外来種を選択的に間引いた。作業中、ギンヤンマ、ショウジョウトンボ、シオカラトンボ、チョウトンボ等のトンボ類を確認した。両生・爬虫類では、トノサマガエルとヌマガエルを確認した。特筆すべきはメダカとドジョウが確認されたことである。1号調整池は、周辺水田・水路と下池の流出口付近を通じてつながっており、外部から移動してきた可能性がある。また、鳥類ではカルガモが確認された。2号調整池では、アメリカミズキンバイが増えた。イネ科低茎草本類を選択的に間引くと共

に、ガマの分布エリアを狭めた。作業中、ギンヤンマ、ショウジョウトンボ、シオカラトンボ等のトンボ類、トノサマガエル、ウシガエル等の両生・爬虫類が確認された。また、放棄されたカイツブリの巣と卵4個を発見したが、水面の急激な変化で繁殖に失敗した可能性がある。3号調整池ではタデ類が目立ち、植栽種のアサザが他の調整池に比して多かった。イネ科低茎草本やヒメムカシヨモギ、セイタカアワダチソウ等の外来種を選択的に間引いた。作業中、チョウトンボ、ギンヤンマ、ショウジョウトンボ、シオカラトンボ等に加え、ウスバキトンボの大群が確認された。両生・爬虫類ではトノサマガエルとヌマガエルが確認された。

V. モニタリング結果

1. 水文環境

水位と流量については、各地点共に大きな変化は見られなかったが、泥の堆積傾向が継続している。水質を見ると、調査期間を通じて、pHは湿地全体と1号・3号調整池の流入部で6前後の酸性、1号・3号調整池の流出部で8前後のアルカリ性を示す傾向が継続している。これは湧水や地下浸透水を主とする流入水の性質と、コンクリート構造物を経た後の流出水の水質が関係している。構造が他と違う2号調整池では、流入部でpH7前後、流出部でpH8前後を示す。電気伝導率は、調査期間を通じて、1号調整池で20mS/m〜50mS/m、2号調整池で10mS/m〜50mS/m、3号調整池で5mS/m〜25mS/mの範囲にあり、極端に大きな変動は見られなかった。東側湿地はジュンサイが生育可能な目安である10mS/m以下の値を継続している。

2. 植物相

2号調整池は2001年しか調査を実施していないため、ここでは省略する。

1) 東側湿地

図-5に、2000年、2001年、2002年の群落分布図を示す。調査範囲の北西部では、ミゾソバやアメリカセンダングサなどの一年生草本群落が、ヨシやミヤマシラスゲなどの多年生草本群落に置き換わってきている。また、南側の池周辺では、抽水性のガマ群落がやや増加し、池の南側の草地では湿地性のミゾソバ群落がカナムグラ-ヤブガラシ群落に変化するなど、各群落で優占種の変化や若干の面積の変化が認められる。なお、カザグルマの生育株数に大きな変化はなかった。今後、コナラやハンノキ群落のさらなる成長に伴い林冠が鬱閉し、調査範囲北西部のヨシ群落等が衰退していくことが考えられる。

2) 1号調整池

2001年の段階では、陸域から水際にかけて単純に変化していた群落が、植栽を終えた2002年には、複雑な帯状の群落を形成した。新たに確認された群落は、沈水性のキクモ群落、浮葉性のフトヒルムシロ群落、アサザ群落(植栽)、抽水性のマコモ群落(植栽)、キショウブ群落(植栽)、ミクリ属群落(植栽)、湿地性のヤナギタデ群落、タマガヤツリ群落などである。今後、群落の複雑化はさらに進むと考えられるが、人為的に手を加えない限り、一定の時期を過ぎると、逆に大型の抽水植物等が優占する単一の群落へと収束することが考えられる。特に、上池は水深が池の中央部まで一様に浅く、抽水植物の生育に適しているため、ほぼ池全体がガマなどの抽水植物群落に単純化することが考えられる。

3) 3号調整池

2001年には、主要なものはガマ群落だけだった3号調整池では、植栽を終えた2002年には、水際に抽水性のイボクサ-ガマ群落が広がり、新たに浮葉性のホソバミズヒキモ群落、アサザ群落(植栽)などが確認された。今後、人為的に手を加えない限り、ガマ群落の発達はさらに進むと考えられる。ただし、3号調整池の上池は中央で急に深くなる地形を呈しているため、池の中央部まで抽水植物は発達しにくいと推測される。

3. 動物相

2号調整池は2001年しか調査を実施していないため、ここでは省略する。2000年、2001年、2002年の調査結果(ただし鳥類は冬季の翌年1月)を比べると、動物相の確認種構成に大きな変化は見られなかった。

1) 東側湿地

鳥類では、同時期の冬季を比較すると、周辺が樹林となっていること、上流部で山地と連続していることから、樹林を生息域とする種が多く、特にヒヨドリやウグイス、メジロ、エナガ、シジュウカラ、ホオジロ等の留鳥の利用が多かった。また、冬鳥として渡来する種にはルリビタキ、ジョウビタキ、シロハラ、ツグミ等のヒタキ科が多かった。両生・爬虫類は、池及び水路に生息するカエル類とそれを捕食するヘビ類が主である。調査期間中に確認された種の内ヤマアカガエルは、止水域もしくは緩流域の産卵環境と山地樹林性の生息環境が連続していなければ生息できない種であり、これは東側湿地が山地と連続し、環境的に孤立していないことを示している。

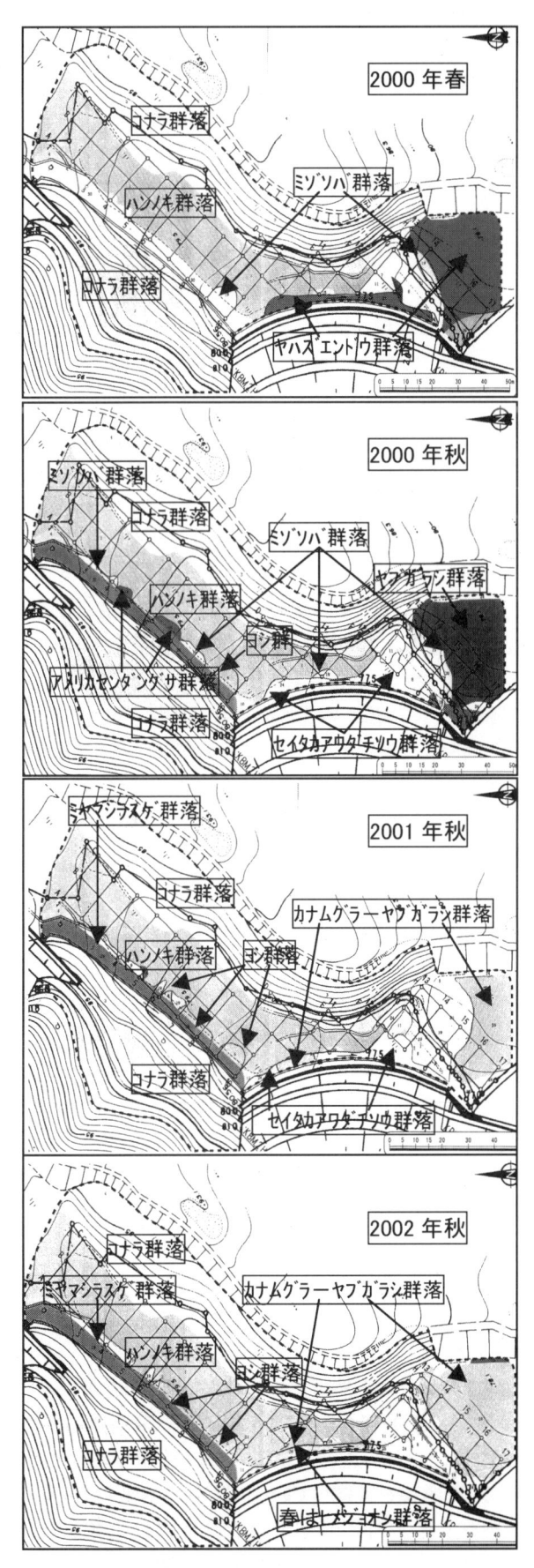

図−5 湿地植生の変化

写真−2 湿地内の池

表−1にホトケドジョウの確認個体数の変化を示す。調査精度のばらつきを考慮しても、2002年秋には個体数が急激に増加している。雑草管理の一環として池の流末に堰を設け、水位を15cm程度高くしたため水域が1.5倍程度に広がり、ホトケドジョウの生息環境が広がったことが理由に挙げられる。

表−1 ホトケドジョウの確認個体数の変化

調査時期	池	水路	合計
2000年春	10	43	53
2000年秋	15	34	49
2001年秋	11	33	44
2002年秋	38	78	116

昆虫類では、2002年に、環境省改訂版レッドデータブック絶滅危惧Ⅱ類のタガメが新たに確認された。これは、餌となる小魚やオタマジャクシが豊富であることを示している。水質の悪化や湿地の乾燥化を防ぐ努力を続け、灯りに誘引されるので街灯の設置を避けるなどの対策をとれば、本種が定着する可能性がある。

2)1号調整池

鳥類では、2002年1月と2003年1月で確認種構成に大きな違いは見られなかった。出現する種は草地〜樹林地を利用する種がほとんどを占める。池を利用する水辺に関わりの深い種は、アオサギ、イカルチドリ、タシギ、セグロセキレイ、タヒバリの5種である。池周辺の環境の利用形態は主に採餌場としての利用が挙げられる。確認された両生・爬虫類はトノサマガエル、ヌマガエルの2種であり、トノサマガエルは2002年に新たに確認されたものである。基本的に1号調整池の両生・爬虫類相は貧弱である。両生・爬虫類、特に両生類は、

水から離れて生活するのが困難なうえ、移動能力も低く、新しい環境への移動には時間を要するためである。昆虫類では、2001年と2002年で確認種構成に大きな違いは見られなかった。トンボ類では、開放的な水域を好むシオカラトンボが多く、流水性のハグロトンボも見られた。この他、アメンボ類や貧栄養な水域で見られるコマツモムシが多く確認された。

写真－3　1号調整池

3) 3号調整池

　鳥類では、2002年1月と2003年1月で確認種構成に大きな違いは見られなかった。水辺に関わりの深い種は、カワウ、マガモ、セグロセキレイ、タヒバリの4種である。マガモ、タヒバリは冬鳥であり、カワウは河畔林などで集団繁殖する種である。セグロセキレイについては人工構造物にも営巣することから、調査地内での繁殖もあり得る。確認された両生・爬虫類はトノサマガエルとヌマガエル、カナヘビの3種であり、トノサマガエルとカナヘビは2002年に新たに確認されたものである。本調整池は東側湿地と隣接しているが、間に道路と斜面があり、湿地から調整池への両生・爬虫類の移動には多少時間がかかると考えられる。また、調整池に生物が定着するには十分な餌資源が必要であり、そのためには、まず基盤となる植物相や昆虫相が十分な量と多様性で安定しなければならない。昆虫類では、2001年と2002年で確認種構成に大きな違いは見られなかった。トンボ類では、湿地でよく見られるキイトトンボ、抽水植物が生育する池などで見られるチョウトンボが多く確認された。この他、アメンボ類やコマツモムシが多く確認された。

写真－4　3号調整池

4. 評価

　調査結果で見る限り、湿地の動植物相に大きな変化は見られないものの、ハンノキの繁茂状況や湿地の地盤状況等から、少しずつ湿地の陸化(乾燥化)が進んでいると判断できる。嘗ての水田が長く放置されて、土砂や有機物の堆積が進み、ハンノキやイヌツゲの繁茂を許してきた経緯があり、また、観測開始前からの周辺の開発や工事に伴い、流入水量が減少してきたことも関与している。一方で、放置の結果として、カザグルマやホトケドジョウ等の貴重種には、比較的望ましい環境が形成されてきたとも言える。したがって、強い間伐など現在成立している自然環境を大幅に変えてしまう管理は、現時点では望ましくない。しかしながら、ハンノキの成長による日照条件の変化が、湿地の群落構成に微妙な影響を与えているのは確かであり、たとえばヨシ群落を基準にして、群落面積の目立った減少が認められる場合は、やや強めの間伐を行うことが考えられる。除草や間引き、除間伐、水位調整等の整備作業を継続してきた結果、2002年にホトケドジョウが大幅に増え、タガメが確認されたことは、現在の管理方法に一定の有効性があることを証明している。

　調整池については、まだ植生が十分に定着していないこともあり、生態系の基盤が成立しているとは言い難いが、ゆっくりとではあるが、水生昆虫類が増え、両生類も出現し、鳥類の採餌活動が行われるようになりつつある。ただし、敷地内の利用が進むにつれ、有害な影響を与える外来魚等が調整池に放たれる可能性があり、注意喚起の掲示や監視の準備を進めておく必要がある。総合的に判断して、今後も自然の反応を見ながら管理の度合いや方法を調整していく順応的管理を継続するのが適切と考えられる。

　なお、2003年度から管理作業担当者が代わったものの、順応的管理に準じた整備は継続している。

VI. おわりに

　2003年1月に自然再生推進法が施行されたが、この法律の中で、順応的管理は重要な位置づけにある。本敷地では、法律の施行に遡る3年前から順応的管理に着目した整備を継続している。ただし、本来の順応的管理を主要な手段とする生態系管理では、対象となる自然に関わるステークホルダー(利害関係者)が、双方

向のコミュニケーションを繰り返すことで、合意を形成していくプロセスが含まれる。ここでは、工業団地の誘致企業やその取引先、社員、公園利用者、住民、環境NPO等がステークホルダーとなる。現代を生きる企業にとって、ISO14000に代表される環境問題への対応は不可欠となりつつあり、「持続する発展」や「循環型社会の形成」は、ものづくりの目標の一つになっている。これらの中には自然への対応も含まれ、今後、ステークホルダー間での適切なコミュニケーションが求められるところである。

なお、本報告執筆にあたり、岐阜県土地開発公社の皆様に多大なご指導を頂きましたことを、心よりお礼申し上げます。

文献

1) 岐阜県土地開発公社(2000～2003):「関テクノハイランドビオトープ調査等業務」報告書
2) 伊藤操子(1993):雑草学総論,㈱養賢堂,112－115
3) 外来種影響・対策研究会編(2001):河川における外来種対策に向けて(案),(財)リバーフロント整備センター,74－76
4) 柿澤宏昭(2000):エコシステムマネジメント,築地書館㈱,11－17
5) 亀山章編(1996):雑木林の植生管理－その生態と共生の技術－,ソフトサイエンス社
6) グラハム・ベネット編、(財)日本生態系協会(1995):エコロジカル・ネットワーク,(財)日本生態系協会
7) 廣瀬利雄監修,応用生態工学序説編集委員会(2000):増補応用生態工学序説,㈱信山社サイテック
8) 鷲谷いづみ(2001):NHKブックス 生態系を蘇らせる,日本放送出版協会,147－151

事例研究　CASE STUDY

自然環境移設による樹林復元
生態系保全移植『エコ・ユニット工法』の試み

栗山　和道
中西　茂樹
株式会社フクユー緑地

Kazumichi KURIYAMA and Shigeki NAKANISHI : Reassignment of Natural Forest Ecosystem using the Eco-unit Transplant Method

I．はじめに

　森林表土は多くの土壌微生物や土壌動物類のすみかとなっており、そこでは活発な物質循環がおこなわれて、生物多様性の基盤となっている。また、表土には埋土種子や実生類が豊富に含まれLifeBank（生命の貯蔵庫）と呼ばれている。これらの森林資源としての樹木や表土等を保全し有効利用することは、短期間で元の森林生態系を回復するために有効な手法といわれている。なかでも表土そのものの撹乱を最小限に抑えた復元移植工法（エコ・ユニット工法）の試みを報告する。

II．エコ・ユニット工法の概要

　本工法の特徴は、森林表土の構造や層序を撹乱せずにそのまま移植する事によって、腐食や土壌微生物、土壌動物類などからなる森林表土の生態系をそのままの状態で移植することにある。その結果、埋土種子は発芽能力を保って新しい環境に合ったものから発芽し、土壌微生物や土壌動物類は移設先でも分解者としての働きを続けることができる。林床植生と土壌動物類が相乗的に効果を発揮する環境を早期に作り出すことを可能とする。

　具体的には、移植対象表土の正面を掘り下げ、溝掘り用のアタッチメントをつけた小型バックホウで移植対象表土の左右を幅 10cm から 30cm 程度の溝を掘る。次にバックホウにアタッチメントの掘取機を装着して、正面から差し込み、樹木と一緒に土壌をすくい上げる。すくい上げた土壌ブロックを木枠で包んで 1 つの掘取ユニットが完成する。

　移植先が用意できている場合は、直接このユニットを敷き並べていくが、移植先の用意が出来ていない場合はこのユニットを仮置き、養生しておいて、後で予定の場所に移植する。移植先まで重機が自走できる距離にある場合には木枠は省略する事もできる。さらに、土壌から分離されたユニットが方形であるために、面的な連続性を保って移植できる特徴もある。アタッチメントの形状は次の通りである。（図-1）

1. 1㎡タイプ

　汎用のバックホウ(0.45m3 級)に約 1m×1m のアタッチメントを装着する。土壌厚 20cm～40cm とする。移設地が遠い場合はトラック等により運搬を行なう。（写真-1）

2. 2㎡タイプ

　汎用のバックホウ(0.7m3 級)に約 1.5m×1.5m のアタッチメントを装着する。土壌厚 30cm～60cm とする。移設地が遠い場合はトラック等により運搬を行なう。（写真-2）

3. 9㎡タイプ

　専用の大型バックホウに約3m×3m のアタッチメントを装着する。高木、大径木の移植を行なう為土壌厚を120cm 前後とする。根鉢をすくいあげたまま移動する為、運搬は自走式である。（写真-3、写真-4、写真-5）

III．施工方法
1. 生態系保全型移植

現状の植生環境を可能な限り元の状態のまま移設し、復元、再生を図る方法である。事前に植生調査を行ないユニットの分割図を作成する。その後、分割図に従って掘り取りを行い移植先に復元していく。この手法では高木を含む林分のほとんどすべてを移設することが可能となり、動植物を含む生態系の保全手法としては最適である。なお、1から3の全てのアタッチメントを使用し復元を行なう。(図-2、写真-6、写真-7)

2.林床保全型移植

樹林の再生を目的とする。ユニットの分割図は使わず、高木(樹高10m以上)は根株の状態とし、中木(樹高3～5m)や幼樹、草本類、表土に含まれる埋土種子等を中心に移設を行う。主に使用するアタッチメントは2㎡タイプとなる。(写真-8、写真-9)

3.表土保全型移植

木本類は上部を伐採した根株状態とし、表土を中心とした移植を行う。また、湿地や河川環境、草本類の移設にも適応できる。現場状況に合わせ、1㎡タイプ、2㎡タイプを使い分ける。(写真-10、写真-11、写真-12)

Ⅳ.施工事例

施工時期　2000.3月
施工場所　大分市
施工面積　緑化面積1ha(本工法　1500㎡)

移植前後の樹林を比較すると、根株処理された高木を欠くことから、遠景からはやや貧弱な感はまぬがれない。しかしながら、低木や林床植物はしっかりしており、すでに疎林の状況を呈している。

移植先の法面形状(1:2)や面積に合わせて、移植対象地の樹林に14m×7mのコドラートを設定して植生調査を行い、高木、低木等の位置図を作成した。調査は移植前後の比較と、実生類については出現、消失状況を位置図にして追跡した。

1.移植木の動向

移植作業における樹木の損失状況は低木に多く、23%(68本/293本)となった。理由はエッジ処理や移植作業中によるものと考えられる。

1年後の調査結果から2m以上の高木は活着率が80%(34本/42本)、2m以下の低木を含めると全体として78%(176本/225本)であった。枯損の顕著なものはネジキ、ヤマツツジであり、林床の乾燥による影響が大きいと考えられる。(図-3)

2.実生群の動向

移植後の調査の内、木本類においては移植前には確認されなかった樹種も含めて実生類が数多く確認された。移植元の構成種ではシイ、アラカシ、クロキ、ヒサカキの発生が顕著であり、その他はエゴノキ、ヤマザクラ、アカマツ、マルバウツギ等である。

4ケ月後の8月における調査では、アカメガシワ(164個体)、コウゾ(110個体)、ハゼノキ(90個体)、タラノキ(87個体)、カラスザンショウ(60個体)等の先駆性樹種が圧倒的な発生数を示し、その他の樹種を含めて合計770個体(7.8本/㎡)の出現をみた。(図-4)

先駆性樹種においては移植元の林内では確認されておらず埋土種子由来と考えられる。これら先駆性樹種の埋土種子が発芽する要因としては、伐採で林冠のギャップが生じたこと、光環境が向上したことなどにより発芽が促進されたものと思われる。

Ⅴ.まとめ

復元、再生、創出することを目的とし「自然と共生する社会」の実現にむけて様々な分野からその手法が提案されているが、やむを得ずその環境を壊してしまう恐れがある場合には、全体及び一部を可能な限り現状に近い形で移設することが望まれる。

エコ・ユニット工法で土壌をブロックとして移植することにより、植物と一緒に生育している他の種や周辺環境をセットで引越しさせることができる。それは、生物と生物間の相互関係・生物と環境との相互関係を移植することを意味し、生態系保全移植の第一歩である。

開発地に自然林を復元しようとする場合に樹木だけを移植しても、森林土壌が形成され階層構造が発達するまでには長い時間がかかる。森林表土と樹木を一緒に移植するエコ・ユニット工法は森林への遷移の出発点を早め、自然植生の復元にかかる時間を大きく短縮することが期待できる。

Ⅵ.おわりに

今後も引き続きモニタリングを実施し、復元した樹林がどの様に推移していくのか検証するとともに、エコ・ユニット工法を通じて、高木層から土壌微生物、土壌動物類に至る森林の生物全体が健全な生活を続けながら引越しをする『生態系保全移植』の研究開発を続けていきたい。

自然環境移設による樹林復元
生態系保全移植『エコ・ユニット工法』の試み

図-1 施工概略図

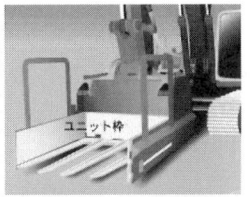

写真-1 1㎡タイプ　　写真-2 2㎡タイプ　　写真-3 9㎡タイプ

写真-4 9㎡タイプ　　写真-5 高木移植　　図-2 ユニットの割付図

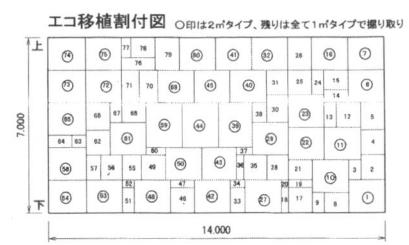

写真-6 割付復元　　写真-7 移設後3ヶ月

写真-8　中低木の掘取　　　写真-9　法面樹林復元　　　写真-10　埋土種子の発芽

写真-11　湿地移設　　　　写真-12　河川ヨシの移設

図-3　移植木の動向

樹　種　名	移植前	移植直後	2001.4
クヌギ	1	1	1
コナラ	4	4	4
シイ	8	7	7
アラカシ	31	23	18
ナナミノキ	18	10	8
クロキ	86	71	55
ネズミモチ	36	28	26
ヒサカキ	28	19	17
ネジキ	10	9	3
シャシャンボ	5	5	4
その他	66	48	33
計	293	225	176

図-4　実生群の動向

樹　種　名	移植直後	2000.8
クヌギ	1	2
コナラ	5	7
シイ	16	0
アラカシ	12	2
ナナミノキ	3	49
クロキ	23	6
ネズミモチ	7	17
ヒサカキ	16	21
その他	17	74
先駆樹種		592
計	100	770

新資格「環境再生医」制度について

NPO法人自然環境復元協会

「環境再生医」９００人誕生 ——検定実施状況——

　NPO法人自然環境復元協会では、2003年度に新たな資格「環境再生医」の検定制度を樹立し、第1回の中級認定講習会を2003年5月、6月に東京で、9月に静岡で、11月に青森と広島で実施、600名を超える第1期の「環境再生医」が誕生しました。

　2004年度は6月に東京および札幌、仙台、岐阜、神戸、福岡の6都市で実施されました。各2日間にわたり、共通5科目と選択(自然環境、資源循環、環境教育各部門別)5科目の10科目の講義と試験により、約300名が認定される予定で、中級資格者は2年間で全国900名ほどになります。

　つづいて本年9月から来春にかけて、初級検定が全国の都道府県ごとに、順次実施されます。研究・実務・行政・教育・市民活動等の実務経験が2年以上ある方が対象です。環境関連の学部学科等の4年制大学卒業にて2年間の実務経験に算入できるため、卒業後に受験資格を得ることができます。

　その他、在学中に初級資格を取得できる「認定校制度」の開設に向けて、部内に委員会を設置して策定を急いでおり、17年度施行を目指しています。

　また、上級検定についても、本年度後半から17年度にかけて、中級取得者で、実務経験が10年以上の方を対象に、2泊3日の合宿での実施が検討されています。

　資格の有効期間は5年間で、更新においては、更新講習を受講することになっています。その際には、5年間の「経過報告書」の提出が義務付けられています。
現在、継続教育制度の構築およびその中での学習の機会を各地で創出していく計画を進めています。

　環境再生医の資格認定は、自然環境復元学会の理事会に、「環境再生医資格認定委員会(委員長：杉山恵一)」が設置され、実施翌月に2日間にわたって開催され、経歴審査と試験結果による、最終審査および認定が行われます。今年度中級認定は7月中旬に行われます。

　全国各地域単位に環境再生医で構成する"環境再生医の会"が結成され、相互交流と地域の環境再生に向けた学習や啓発の活動を行っています。

「環境再生医」資格制度とは ——そのめざすもの——

1. 環境再生医資格の意義

　再生の対象となる地域を想定するとき、その多くは河川や山林、農地、市街地など多様な要素が複合されています。その再生には、さまざまな分野の専門家のかかわりが必要であり、地域と様々な面で具体的なかかわりをもつ人々との連携や協力が不可欠です。

　このような複雑な要素からなる"環境"に対処するためには、いわゆるタテ割り型行政にみられるような弊害を乗り超えてのヨコ型また柔軟な現実的な連携が必要となります。

　一方、環境再生が正しく行われるためには、科学的知見や専門的技能をもつ人たちの参加が不可欠であり、そのような人々が使命感や熱意を持って取り組む人たちの活動をリードしていかなければなりません。今後の環境再生の進展も、そのような人間組織のあり方にかかっているといえるでしょう。

　現在最も必要とされているのは、一定の専門的知見や技能、経験や実践力・指導力を持つ人材です。そのような人材が全国各地に多く輩出されるとともに、この方々が正当に評価宣揚され、存分に活躍できる仕組みが求められているといえます。

　「環境再生医」は、このような循環型共生社会を目指す時代の大きな転換点を迎え、地域の環境再生

促進の社会的要請の中で生まれた、明日をつくる実践型指導者の民間による新しいライセンスです。環境再生に携わるさまざまな分野・部門の方々の技量や経験を一定の基準で評価・宣揚し、連携と協力の全国統一の共有資格"スタンダード・ライセンス"としていくものです。

　この資格は学術機関、企業、行政機関での実務経験のほか、NPO団体・市民グループ従事者の実践活動経験を重視し、環境再生に取り組む個人に広く提供するとともに、また明日の人材である関連学科を履修する学生諸氏に、学習の目標と励みを提供し、その育成に寄与していこうとするものです。

2．環境再生医の名称の意味

　「環境再生医」の名称は、2002年6月、千葉県立中央博物館の中村俊彦氏（本会評議員）が、本会が行った農村環境の復元に関するシンポジウム（東大弥生講堂）での講演で、環境再生に臨む姿勢や使命に触れて、対象となる"環境"の現状を診察（調査・診断）し、処方（対策の計画）を立て、治療（施術・施工）を行い、さらにはケアー（維持管理）を行う環境再生の"専門医"すなわち"環境医"が必要との表現に由来します。さらに当時論議されていた「自然再生促進法」の実践機能を担うことを目指し、今日の「環境再生医」の名称が誕生しました。

3．環境再生医制度の目指すもの

　「環境再生医」は環境再生に技能や見識を持って携わる専門家のことですが、一定の専門的経験や技量の上に、多様な主体の合意や協力を形成し、協働によるプロジェクトをリードしていくための指導力、調整力、説得力等を併せ持つ、環境再生の指導者のことです。

　医者にもさまざまな科目の専門医があり、大病院から町医者・ホームドクターまであります。環境再生医も、技術的分野以外に社会啓発や、環境教育に至るまでさまざまな専門医が必要であり、さらには全国の津々浦々に"わが町の環境再生医"が、環境教育に関しては、各小学校の学区ごとに校医とも言うべき、環境再生医が必要となるでしょう。

　現在、環境分野でもさまざまな認定資格が存在しますが、しかしこれら有資格者はじめ優れた経験者・実力者も、それぞれの直接の専門や担当の範囲での活躍にとどまってしまう傾向にあります。環境再生医資格は、既存の関連資格と競合するものではなく、これを尊重・評価し、相乗して所有する個人の宣揚に努めていくとともに、"共通資格"として、異なる専門や経験そして地域や事例相互の連携や協力、学習や研鑽のための交流など、専門や立場や地域を越えて、人材、指導者が相互に尊重しあい、広く自由に交換しあう場を創出するものです。またそれぞれが蓄積してきた貴重な経験や技量を明日の環境再生への資産として共有しあう信頼と発展のヨコあるいは"綾の目"のネットワークを目指すものです。

4．環境再生医の役割と活動

　環境再生医は、環境に関する豊富な実戦経験と深い理念をもつ明日の環境再生の指導者です。地域の環境再生の様々な機会に積極的に関わっていただきたい。

　個人における活動範囲やその専門性にはおのずと限界や分担がありますが、時代の進展や社会動向を含め、絶えず研鑽や学習を重ね、関係分野や専門外の課題への理解や人的ネットワークを広げていくことが大切です。

　さらに、所属する企業や団体の職務を通し、またこれを超えて、地域や市民団体、NPO等の環境保全・再生の活動に積極的に参画・貢献し、環境再生の指導者として、社会の期待に応えていただくこと、特に地域NPOや市民グループの活動をサポートしたり、学校での環境学習の指導者となっていただきたいと思います。

　自身が関わった活動で、経験や専門を超えることや、情報の集約が必要な場合は、ネットワークにより、相互協力によって対策や解決を図っていくことがこの制度の価値でもあり、信用拡大につながります。

　今後の環境再生の各フィールドにあって、その多くは地域再生や文化・教育的目的を併せ持ち、住民やNPO団体も主体的に参加した多面的・多層的なものとなり、そのリーダーには科学的知見や技術的手法以上に、目標の設定や共有、利害の調整や合意の形成、協働構築とその運営など、人間的、組織的対応やその力量が求められていきます。環境再生医は、環境再生への合意形成や調整をリードする役割を担っていく存在として、指導性を発揮していくことがますます期待されていきます。

環境再生医資格検定制度の概要 ＜大綱からの抜粋＞

１．級と部門

環境再生医資格は、大きく三つの部門からなり、その１つを選択して取得する。

1）自然環境部門

森林、農山村、河川・湖沼、海浜、都市・住宅等の分野並びに複合・総合した分野

2）資源・物質循環部門

資源再生、省資源・省エネルギー、新エネルギー、物質循環等の分野並びに総合した分野

3）総合教育啓発部門

ビオトープ教育、体験学習　生涯・社会教育　社会啓発等の分野および総合した分野

２．環境再生医の級種別とその役割

総称して環境再生医とするが、経験・技量や役務によって以下の種別を設ける。

1）環境再生医（初級）

環境再生に関し、自己の研さんに努め、その理念と一定の知識をもって活動や実務を推進、または指導者を補佐する。

2）環境再生医（中級）

環境再生の実務にあって、第一線の指導者として、一定の範囲を担当しつつ、主体的にプロジェクトや啓発等の推進に当たる。

3）環境再生医（上級）

環境再生に関する実務を直接担当し、プロジェクトの総合的な推進、また啓発・教育に指導的・中心的役割を担う。

３．受験資格と実務経験期間

1）受験資格である実務経験

実務経験期間は、初級は２年間以上、中級は５年間以上、上級においては１０年間以上とする。

2）実務経験とは

環境分野に関する企業や行政機関、研究・教育機関での実務従事期間および環境に関するNPO等の活動に実務的に従事した期間、個人においての業務あるいはボランティアでの環境関連事業・活動に従事した期間であり、またそれらの複合・総合した期間のことであり、農業、林業、漁業等の実務に従事した期間についても対象とする。

3）上級受検に要する実務経験には、その期間中又はその上に指導経験として、後継者育成、環境教育研修の講師・指導者、環境事業プロジェクト指導者、公的諮問委員など２ヵ年以上の経験を要する。

４．大学等専門履修期間の実務経験算入

1）大学や専門学校で、環境関連学科・コース（農学・土木・造園・林学・環境学ほか都市計画、環境デザイン、環境社会学、環境経済学、資源循環、環境教育等々）を履修したものは、その卒業をもって最大２年間を実務経験に算入することができる。

2）大学院において上記同様環境関連学科・研究コースを履修したものは、その機関を算入することができる。

3）ただし、上記各学校在学中であっても、履修と平行して環境関連のサークル活動やボランティア活動に１年以上従事したものは、各最高学年次に特別に１ヵ年加算して算入することができる。

4）いずれの場合も、所定の実務経歴書に、その期間や内容が明記されている必要がある。

５．検定の方法と認定

検定は

1）初級——全国都道府県ごとに毎年１日間で実施、５科目の講習と試験による。

2）中級——全国地域圏ごと数箇所で毎年２日間で実施、１０科目の講習と試験による。

3）上級——全国２箇所で毎年２日間合宿形式で実施、講習とディベート・小論による。

いずれも講習においては、全国統一の専用テキストを使用し、試験は短文の正誤を問う○×式解答によるもので、テキスト・任意の参考書参照可とする

認定は、自然環境復元学会に設置された「環境再生医資格認定委員会」が各検定終了後２週間以内に開催され、書類審査と検定試験の結果を総合して判定し、合格者には認定証が交付される。

６．申請方法

初級および中級の受検申請は、所定の申請書と実務経歴書に記載し、受理確認の上、所定の受検料を納付することよって完了する。

上級においては、上記のほか、課題（設定）小論の添付を要する。

7．有効期間と更新

1) 環境再生医各資格の有効期間は5年間とし、更新することができる。
2) 更新には、別途開催される更新認定講習を受講することとし、その際には過去5年間の環境再生に関する研究、学習および活動記録(報告)等を所定の経過報告書に記載して提出する。
3) 独自に毎年実施される継続教育研修を2回以上受講するか、今後設定される指定のCPDにおける所定の単位数を取得したものは、更新認定講習の受講を免除される。

■受験資格・申請方法一覧

資格種別	受験資格／実務経験	検定方法	申請方法
環境再生医(初級)	2年以上(特例事項は前記参照)	5科目の講習と試験1日で終了。	所定の申請書と実務経歴書の提出
環境再生医(中級)	5年以上、または初級資格後3年以上の実務経験を蓄積していること。	10科目の講習と試験、2日間。	所定の申請書と実務経歴書の提出
環境再生医(上級)	指導経験を含み10年以上、または中級資格取得後さらに5年以上の実務経験	基調講義とディベート、討論、課題小論、面接。2泊3日	上記ほか、設定テーマによる課題小論添付。

■ イベント報告 ■

NPO法人自然環境復元協会　事務局　四戸靖郷

　環境再生医による環境再生啓発事業の一環として、埼玉県の入間川流域の山間地・丘陵・里山地域・支流を含む入間川中流河川・入間市街地など、東京都青梅市、埼玉県飯能市、川越市、所沢市、狭山市、名栗村にかかる多様な環境で構成する一定のフィールドで、市民による"環境診断"・見学会を兼ねた第1回の環境再生医シンポジウムが開催されました。

　これは、市民みんなが地域の環境に目を向け、見直し、保全や再生に取り組んでいくことへの啓発とモチベーションのワークショップといえるもので、自然環境復元協会と各地域の環境再生医の会が核となって、地域の多様な活動団体および行政との協働によるイベントとして、全国各地域ごとに順次実施していこうとするものです。

　地域市民や活動家、地域行政関係者ほか本協会会員、埼玉県内の環境再生医など約250名が参加、ケーブルテレビなどの地域メディア各社の取材・放映も行われ、大きな反響を呼びました。以下に企画内容をご紹介します。

―あなたもまちと自然のお医者さんに！―
第1回全国環境再生医シンポジウム in 入間
地域における環境診断と環境再生の方向（源流から河口まで流域全体を考える）

- ■日　　時：平成16年5月15日（土）～16日（日）
- ■場　　所：入間市農村環境改善センター　〒358-0041 埼玉県入間市大字下谷ケ貫915番地3
- ■主　　催：NPO法人自然環境復元協会
- ■共　　催：入間市環境まちづくり会議／NPO法人荒川流域ネットワーク／NPO法人全国水環境交流会／自然環境復元学会／NPO法人加治丘陵山林管理グループ／加治丘陵さとやま探検隊／アポポ商店街振興組合／NPO法人西川木楽会／加治地区まちづくり推進委員会／霞川くらしの楽校／霞川をきれいにする会／三富地域ネットワーク

- ■協力・協賛団体：(社)日本河川協会／彩の川研究会／川の水源に登るサークル／多自然サークル／入間市環境ネットワーク市民の会／さやま環境市民ネットワーク／はんのう市民環境会議／最上川環境マップ／子ども水会議／NPO法人川島ネィチャークラブ／入間川ビオトープネットワーク研究会／入間市工業会／入間市商工会ほか市民団体等
- ■後　援：環境省・農林水産省・国土交通省・荒川上流河川事務所／埼玉県・東京都／名栗村・飯能市・入間市・狭山市・川越市・所沢市・青梅市／入間市教育委員会／埼玉新聞社・西多摩新聞社・入間ケーブルテレビ・FMチャッピー・飯能テレビ・多摩ケーブルネットワーク・狭山ケーブルテレビ・シティケーブルネット
- ■運　営：第1回全国環境再生医シンポジウム in 入間運営委員会
   委員長；惠　小百合(江戸川大学社会学部教授／NPO法人荒川流域ネットワーク代表)
- ■参加費：1日目無料、資料代1,000円／2日目見学会保険料200円
- ■プログラム：

● 1日目　シンポジウム・ワークショップ（5月15日（土）10:00～17:00）
　（10:00～12:30）＜講　演＞
①わが国における自然環境復元活動の経緯と今後の展望（静岡大学名誉教授・富士常葉大学教授／杉山恵一氏）
②荒川流域における環境再生の方向（東京工業大学教授／池田駿介氏）
③元気な入間のまちづくりと環境再生（入間市長／木下　博氏）
④源流域の再生における村の役割（名栗村長／柏木正之氏）
⑤スイス・ドイツにおける環境再生活動（スイスチューリッヒ工科大学講師／山脇正俊氏）

（13:30～17:30）＜ワークショップ＞　　　　　　　　　　　　＜パネル展＞

①奥山再生／飯能市西川林業地・ユガテの里を例として ②里地・里山再生／入間市加治丘陵里山計画地を例として ③平地林再生／所沢・狭山・川越市の三富地域を例として ④水辺再生／入間・飯能・青梅市の入間川・霞川を例として ⑤まちの再生／入間市アポポ商店街を例として ⑥環境診断法の試案について	各団体による環境再生活動事例及び国・県・市町村による環境施策 ・全国からの公募による活動事例 ・川づくり／里山管理／農村保全／森林保全市民活動 ・荒川太郎右衛門地区自然再生事業（荒川上流河川事務所） ・彩の国ふるさとの川再生基本プラン（埼玉県水環境課）ほか

　（18:00～19:00）＜交流会（懇親会）＞　参加費 2,000円

● 2日目　現地見学会（現地における環境診断）（5月16日（日）10:00～14:30）
①ユガテの里／飯能市　②加治丘陵／入間市　③三富新田／所沢市・狭山市・川越市
④入間川・霞川／飯能市・青梅市・入間市　⑤アポポ商店街／入間市

＜見学会内容＞
①飯能市／西川林業地／ユガテの里：NPO法人西川木楽会が案内

　埼玉県の南西部、荒川支流の入間川・高麗川・越辺川の上流域は西川林業地と呼ばれ、古来よりスギ、ヒノキの良質な産地です。ユガテは高麗川沿いの東吾野駅から登った標高300mに位置し、奥武蔵の山郷の中でも、もっとも美しい集落といわれています。西川木楽会は、平成9年、このユガテの伐採跡地(1ha)を30年間無償使用できる協定を地主と結び、ヒノキを植樹しました。その後、落葉広葉樹であるオオヤマザクラ、コナラ、ケヤキ、トチノキを植栽しました。1月の山開き(山仕事始め)から、雪おこし、下刈り、枝打ちなどの作業、そして12月の忘年会まで、1年を通してユガテで楽しみながら森づくりをしています。
　当日は、東吾野駅から約1時間、周囲の森林を観察しながら林道を歩いて、新緑のユガテで西川木楽会の林業地見学のひと時を過ごして、来た道を戻ります。
　集合：　西武秩父線・東吾野駅改札口、5月16日（日）10:00
　解散：　東吾野駅　同14:30

②入間市／加治丘陵：NPO法人加治丘陵森林管理グループが案内

　加治丘陵は、入間市の文化を支えてきた里山で、多くの野生生物が生息しています。首都圏近郊緑地保全地域に指定され、秩父多摩国立公園の山間部につながっています。入間市では「加治丘陵さとやま計画」を策定し、里山として「恒久的な保全・活用」を図り、緑のネットワークの中枢となる「入間市の緑の拠点」、入間川・霞川と一体の自然環境として「自然環境の連環系の保持」、人々と生活と加治丘陵との深い関わりを継承し里山の性格を重視して「市民が自然とふれあい利用できる場」と位置付けています。

　現在、全体計画区域 424ha のうち、1割を超える50haあまりが埼玉県緑のトラスト地域や入間市有地として公有地化され、市民団体による山林ボランティア活動や自然とのふれあい活動が行われています。
　当日は、午前中に山林管理の実際や緑のトラスト地域などを見学し、午後に農村環境改善センターでワークショップを開催する予定です。
　集合：入間市農村環境改善センター　5月16日（日）10:00　解散：同　14:30

③所沢市・狭山市・川越市／三富地域：荒川流域ネットワーク／三富地域ネットワークの案内

　三富（さんとめ）は、埼玉県の中で、東の見沼田圃（たんぼ）、西の狭山丘陵などとともに、貴重な「緑」が色濃く残っている首都圏近郊のオアシスとして、今、多くの人の注目を集めています。三富の緑はコナラ、クヌギ、アカマツなどの平地林と、ケヤキ、カシ、タケ、スギ、ヒノキなどの屋敷林が濃い緑のかたまりをつくり、季節ごとに様々な緑の帯をなす露地栽培の野菜との調和が変化に富んだ里地の美しい景観を構成しています。
　この地域の平地林は、すべてが人の手によって植林された人工林（二次林）です。川越藩主が行ってきた新田開発の特徴は、既存の街道や新につくられた道路に沿って住まいを配置し、原野を畑に開墾するとともに、風よけや燃料の確保などのために、コナラやクヌギなどの植林をしたことにあります。江戸時代から長い年月を重ねて形成され、林と畑を組み合わせた循環農法は、近年にわかに注目され評価されています。また、三富の特徴である短冊状に区画した地割りを今なお見ることができ、開拓時に入植し

た農民の菩提寺をはじめ、枕草子や千載和歌集にも所載のある「堀兼之井」「七曲井」など様々な文化財を見ることができます。
　当日は、自然再生事業が計画されている椚山（くぬぎやま）／堀兼・上赤坂ふるさとの緑の景観地などを見学する予定です。
　集合：西武新宿線航空公園駅　5月16日（日）
１０：００　解散：同　１４：３０頃

④飯能市・青梅市・入間市／入間川・霞川
：霞川くらしの楽校／加治地区まちづくり推進委員会／入間川ﾋﾞｵﾄｰﾌﾟﾈｯﾄﾜｰｸ研究会の案内

　入間川は、大持山を水源として名栗村、飯能市、入間市、狭山市、川越市を流下し、荒川に合流する荒川水系の一級河川で、荒川の一大支川です。霞川は、東京都青梅市の霞池、根ヶ布の森を水源として、青梅市、入間市を流下して、入間川に合流する都市的な河川です。霞川、入間川は秩父山塊から続く加治丘陵を挟んで、豊かな自然地や農地、街中

を流れる変化に富んだ河川で、沿川の人々の関わりの深さをあちこちで見ることができます。
　阿須公園や加治東小がある飯能市の岩沢地区では、入間川で子ども達と川とのふれあいを進める「水辺の楽校」の計画検討が地元の人たちを中心にはじめられようとしています。霞川では大規模な地下調節池の工事が進んでいます。また、河道を拡幅整備

する計画も今後進められようとしています。

当日は、中流部の入間市内の入間川、岩沢地区、加治東小の学校ビオトープ、霞川源流の根ヶ布、建設中の地下調節池、れんげ畑、谷津池、入間市市街地内の霞川などを見学する予定です。

集合：入間市文化創造アトリエ・アミーゴ（西武池袋線仏子駅下車歩5分）5月16日（日）10：00　解散：西武池袋線入間市駅　14：30頃

⑤入間市／アポポ商店街

"アポポ"というのは「アっという間に人がポこポこ集まるまち」という意味で、全国より愛称募集を行い決定した名前です。アポポは入間市駅の南側に位置しており、ここ数年郊外に超大型店（ザモール瑞穂、カルフール狭山、イオン入間 SC）が次々と開店、今年も3店ほどの大型店がオープンの予定です。せっかく駅前の区画整理も終わり入間市の顔と発展し始めた中心市街地をもっと活性化しなければということで、住環境を中心にもっと住みやすく楽しいまちを目指していろいろな試みを行ってきました。

現在TMO（中心市街地活性化法に基づくまちづくり推進機構）を立ち上げて活性化案を模索中の商店街です。川越や所沢と異なりアポポはまだ発展途上であることを逆手にとって、これからいろいろな試みができるという意識でプロジェクトを推進しています。

現在進行中のプロジェクトは以下の通りですが、まちづくりに興味ある方はぜひ参加して下さい。
◆商店街イラストマップ作り◆まるポ通り景観整備◆まるひろ1Fエントランスホール活性化計画◆公園リニューアル◆シネマタウン入間構想◆いるまんなか協議会◆地域ふれあい通貨"元気"

集　合：5月16日（日）午前10時　入間市駅改札前　解散：午後2時ごろ　入間市駅付近
内　容：10:00〜11:00　いるまんかな散策
　　入間市駅→西洋館→霞川→長泉寺→愛宕神社→愛宕公園→町屋通り商店街

第2回の環境再生医シンポジウムの開催は2005年の5〜6月、静岡県三島市で行う予定です。各地での実施を計画しています。その他、各地における主体となる、地域団体はじめ、希望や提案をお寄せください。

物質循環に関する"社会提言型シンシンポジウム"を計画しています。
実施時期は２００４年１１月から２００５年３月予定、開催地：東京または横浜市予定

資源循環・リサイクルも、地球や国土、自然の循環の上で、その機能を保持・活用しつつ、２１世紀の社会のあり方の転換を図るべき、重要な国民的課題です。

現実の課題を直視し、目指すべき循環型共生社会へのビジョンを探り、産業、行政、暮らし等の理念や方向、目標を議論し、理解と行動に直結する社会低減型のシンポジウムにしたいと考えます。
皆様のご提案や意見を募集しています。

自然環境復元学会　事務局

「自然環境復元研究」 第2巻 第1号
(通巻2号)

発行日	2004年8月20日
発行・編集	自然環境復元学会編集委員会
	〒169-0075 東京都新宿区高田馬場1-3-13-301
	Tel：03-5272-0254　FAX：03-5272-0278
	E-mail：info@narec.or.jp　http://www.narec.or.jp
販　売	(株)信山社サイテック営業部
	〒113-0033 東京都文京区本郷6-2-10
	Tel：03-3818-1084　FAX：03-3818-8530
発　売	大学図書
	〒101-0062 東京都千代田区神田駿河台3-7
	Tel：03-3295-6861　FAX：03-3219-5158
印刷／製本	共進印刷(株)／(有)エディオック

©2004自然環境復元学会　　　　　ISBN4-7972-2751-6 C0340